ロシアの情報兵器としての
反射統制の理論

現代のロシア軍事戦略の枠組みにおける
原点、進化および適用

Theory of Reflexive Control

Origins, Evolution and Application
in the Framework of Contemporary Russian Military Strategy

アンティ・ヴァサラ
Antti Vasara

鬼塚隆志 監修
壁村正照／木村初夫 訳

フィンランド国防研究22

五月書房　　原著出版：フィンランド国防大学

Theory of Reflexive Control
Origins, Evolution and Application
in the Framework of Contemporary Russian Military Strategy
FINNISH DEFENCE STUDIES 22

Antti Vasara

National Defense University of Finland

....

（原著タイトル［邦題］／原著シリーズ名）

ロシアの情報兵器としての反射統制の理論
現代のロシア軍事戦略の枠組みにおける原点、進化および適用
フィンランド国防研究 22

（原著者）アンティ・ヴァサラ

（原著出版社）フィンランド国防大学

監修者序文

鬼塚 隆志
元陸上自衛隊化学学校長 兼 大宮駐屯地司令

　国家および国家群は、昔から、自国（群）が有利になるように、あらゆる人的・物的手段・方法を用いて、敵性国家（群）の意思決定者および意思決定組織が行う各種事象に対する判断および意思決定に対して影響を及ぼそうとしている。すなわち国家（群）は敵性国家等に影響工作（感化工作）を行っているということである。特に、現在その影響工作は、国内外のメディアはもとより、スマートフォン・パソコン等によるコンピューターネットワーク、つまりソーシャルネットワークを通じてますます容易になり、盛んに行われるようになってきている。この事例はバイデンが勝利した今回の米国の大統領選およびコロナ感染の事態の中にでも現れている。

　ロシアの影響工作の理論的な基盤である反射統制（Reflexive Control）理論の基礎的な研究に関しては、ロシア人の数学者であるウラジミール・A・ルフェーブル（Vladimir A. Lefebvre）（2020年4月9日没）が1960年代から行い、1984年に『反射統制：敵の意思決定プロセスに影響を与えるソビエトの概念』を発表した。一方、米国海軍大学大学院のダイアン・チョティクル（Diane Chotikul）は西側において最初のシステム理論、サイバネティックス、および反射統制との関係の研究を行い、『歴史的および心理文化的視

点におけるソビエトの反射統制理論：予備研究』（1986 年）を発表し、反射統制の基礎を提供した。また本書の序文を執筆している元米国陸軍のティモシー・トーマス（Timothy Thomas）が 1990 年代半ば以降に反射統制の総合的な研究を行い、「ロシアの反射統制　―理論と軍事的応用―」（2002 年）を発表した。本書は、著者であるフィンランド国防軍のアンティ・ヴァサラ（Antti Vasara）が、反射統制が意味するもの、それがどのように適用できるのか、またそれを適用するために用いる方法を確立することを目的として、上記の研究成果にその後の反射統制理論の指揮統制システムへの応用等の最新の研究成果を反映して行った最も新しい反射統制の総合的な研究の成果であり、ロシアの反射統制を総合的に理解する上で西側の政策立案者や安全保障関係者が読むべき文献である。また、わが国では、「反射統制」に関する書籍や論文は、先に刊行されたダニエル・P・バゲ（Daniel P. Bagge）著の翻訳書『マスキロフカ　―進化するロシアの情報戦！サイバー偽装工作の具体的方法について―』（鬼塚隆志監修、木村初夫訳、五月書房新社、2021 年）を除いてはほとんど紹介されておらず、本書はわが国の政策立案者、安全保障関係者、および一般の読者にとっても、最近のロシアのサイバー戦を含む影響工作の本質（欺瞞技法）を理解し、特にその対策を検討する上で、読むべき基本的な文献であると言える。

　本書は、まず主としてソビエト連邦およびロシアの研究論文を研究し、そこからロシア軍の指揮統制の概念およびその統制の方法、特に自国軍の統制と敵に対する反射統制を含むその仕組みを、システム的にその主要な要素の関連を図式化（モデル化）して説明し明らかにしている。次に、それを元にロシアの影響工作、特にその背後にある理論の一つである「反射統制」について、主として軍事分野における反射統制の仕組み・やり方について、ソビエト連邦とロシアおよび米国の研究者の 2000 年以降の数多くの論文を、システム理論とサイバネティックスの観点から分析し、ロシア

の研究者たちが提示したモデルを用いて具体的に説明するとともに、また
この反射統制は社会の変化および科学技術等の発展を踏まえて今後も研究
されつつ実行されるであろうと論じている。

　本書で、著者は、「反射統制」を定義する原典がないことを明らかにし、
ルフェーブル自身の「反射統制」の定義として、「敵の状況の評価に関する
情報があり、敵が独自のドクトリンを用いて状況を分析する方法を知って
いれば、我は有利になる。この場合、意思決定者が利用できる選択肢の解
ける反射方程式を構築することができる。敵の状況認識、その目標またド
クトリンに影響を与えること、この影響を与えようとする試みを敵に気付
かれないようにすることが特に重要である」と示している。また、本書で
は説明されていないが、トーマスはルフェーブルの反射統制の定義に基づ
き、反射統制のモデルとして、「ロシアの反射統制　―理論と軍事―」（2004
年）において、当事者は相手側の意思決定プロセスの認知「フィルタ」およ
び「もっとも弱いリンク」に関する情報をフィードバックチャネルで入手
し、その情報に基づき当事者の意図を達成するための情報を相手側に伝達
して当事者が有利になる意思決定を相手側にさせるということを示した。
一方、1980年代の反射統制の開発中に、どのようなフィードバックチャネ
ルも必要としないことがすでに認識されおり、チャウソフ（Chausov）は自
分の論文（1999年）で、反射統制を「特定の情報の集合を反対側に意図的
に伝達するプロセスであり、その情報が伝達された側にその情報に対して
適切な意思決定をさせるもの」と定義している。
　したがって、「反射統制」とは、おおまかに説明すれば、特定の情報を、
相手側に意図的に各種の方法により伝達して、その情報に対して情報を伝
達した側が有利になる意思決定を相手側にさせるということである。また
最近では反射統制の概念は幅広くなっており、「反射統制」とは、まず個人
またはグループを操作するために使用される技能であり、次に、社会的な

統制を行使するための方法であるとされている。このことに関し、2010年に、あるロシア軍人は論文で、ソーシャルメディアなどの手段により、個人に関する情報を収集し、その情報を使用して個人の行動を操作することができ、またソーシャルネットワークは兵士の思考に影響を与える手段としても機能すると論じている。

　特に本書は、いわゆる平和ぼけと言われる日本人にとっては、影響工作、特に反射統制の概念・やり方が、ロシアによって長年にわたって研究されており、それに基づいて現在実行されているということ自体を、さらには日本がこの反射統制への対応策を常日頃から講じておく必要があるということを深刻に認識させるものであり、極めて価値があるものと言える。
　以下、本書の概要について述べる。

　本書はまず、著者が主としてソビエト連邦およびロシアの研究論文を調査し、著者自身の研究の思考基盤であるサイバネティックスに関するソビエト連邦およびロシアにおける考え方の変化・発展に関する研究を通じて、ロシア軍の指揮統制の概念、また軍の指揮官が弁証法的唯物論に基づいて意思決定を行うということについて具体的に説明している。その際、指揮統制の方法を、特に自国軍の統制と敵に対する反射統制を含む統制の方法・仕組みを、システム理論とサイバネティックスを用いて、本研究のために準備した軍事指揮統制システムの反射モデル（主要要素の関係を図式化したもの）を提示して明らかにしている。この反射モデルを準備する際に考慮されている著者の研究成果の主要なものには次のようなものがある。
　一つは、反射統制に関するもので、ロシアのリャブチュク（Ryabchuk）少将は、2001年に『Voennaya Mysl（軍事思想）』誌の論文で部隊を指揮するための原則を概説した際に、伝統的な統制の概念には、我の行動を通じて敵の活動を統制する（敵の意思決定に影響を与える）という考えが含まれてお

らず、その統制も統制の概念に含めるべきであると主張しているということである。また同少将は、21世紀の情報技術と偵察手段の進歩も敵を統制する途方もない機会を開いた、またロシアの意思決定においては指揮官が重要な役割を果たしていると認識しているということである。

　反射モデルに関する説明によれば、反射モデルは、①紛争と戦争の性質および軍事統率力に影響される人間の意思決定者（指揮官とその参謀［幕僚］）、②意思決定において指揮官・参謀を支援する意思決定システム、③情報伝達およびフィードバックチャネルを備えた指揮統制システム、④指揮官の隷下のシステムおよび敵の対応するシステムから構成され、このシステムは作戦環境および上下のシステムと相互作用して機能する。またこのシステム全体の目的は、さまざまなレベルで敵のシステムに影響を及ぼすことである。また外部の作戦環境や敵の行動から生じる混乱も、このモデルで使用されているシステムに影響を与える。

　このことに関連し、ロシアの指揮統制理論を理解するには、このシステムを可能な限り総合的に自動化しようとする取り組みを理解する必要があるとしている。またある研究者たちは、指揮統制の総合的な自動化は、指揮官が敵よりも迅速に意思決定するのに役立ち、ロシアの指揮官中心の意思決定は、計画立案の間により多くの人間の関与を必要とするNATOや米国が用いる方法（プロセス）よりも、自動化に適していると論じているということを紹介している。上記のモデルと説明から、この高度に自動化されたシステムにおける影響工作の標的は、システム全体に影響するという観点から、指揮官が第一の標的となり、参謀が第二の標的になる可能性が高いと結論付けられている。

　次に本書は、反射統制の理論と実践が過去50年間にどのように進化したかということについて、ソビエト連邦およびロシアと西側の研究者たち

によって研究された内容を説明し、特に 1980 年代以降、実用化に向けて次のように進化してきたと、その進化の概要を具体的に論じている。

- 1980 年代、ソビエト連邦は、自国の部隊と敵の意思決定プロセスのシミュレーションと統制に、反射統制を使用するための理論的かつ実用的な基盤を築いていた。
- 1990 年代、ロシアは、この間も反射統制の研究を続け、反射統制は敵の意思決定に影響を与えることに焦点を当てた戦いと見なしたが、軍事作戦における反射統制の実用的な適用はない。1992 年のロシアのラザレフ（Lazarev）の論文では、米国は情報を反射統制の手段として用いていると記述されている。
- 2000 年代、ロシアは反射統制を理論的に進化させ続け、同時に軍事作戦で反射統制を用いる取り組みを行っている。
- 2010 年にロシアは、新軍事ドクトリンを発表して以降、反射統制については、軍事分野だけではなく政治分野も含む新しい段階が始まったと考えている。一例として、2014 年に勃発したウクライナ紛争で適用された手段は、2010 年代初頭にロシアの軍事誌で発表された反射統制の記述と一致している。

　著者は、上記の各年代の反射統制の進化において、それぞれの研究者が研究し論じた内容の細部、特に軍事指揮における意思決定のプロセスを分析して、そのプロセスに影響を及ぼす各種の要素とそれらの関係を分析し、その分析結果に基づいて実際の軍事指揮面で敵に対してどのように反射統制を行うかということを、ロシアの研究者たちのモデルとその説明を使用して、次のように説明している。

　軍の指揮官が敵に対して反射統制を行うには、すなわち敵の意思決定に影響を及ぼすには、指揮官は任務に基づく自分の部隊を統制する任務指揮

（戦闘任務に任ずる部隊の指揮）と敵に対する反射統制による二段階による統制を、戦闘前はもとより戦闘実施中においても、継続的に一貫性をもって効果的に組み合わせ、同時に計画・準備し、実行する必要がある。

　この反射統制には、敵または自国民に影響を及ぼし、統制している集団の利益となるような意思決定を自発的に行うことを保証する創造的な反射統制と、敵が意思決定に使用するプロセスと手順（アルゴリズム）を破壊し、麻痺させ、または無効にするために用いられる破壊的な反射統制がある。

　この二段階統制を行う場合には、指揮官は、その統制の各段階で、任務指揮業務と反射統制業務に十分な戦力・部隊を割り当てなければならない。戦闘前の準備段階では反射統制に任ずる部隊は、状況が自分たちの部隊がより有利になるように敵に対する反射統制活動を行わなければならない。この間に、任務指揮に任ずる部隊は戦闘行動の準備を行う。戦闘実施間は、戦闘指揮を実行する部隊と反射統制に任ずる部隊は、同時に作戦を開始し、戦闘指揮を実行する部隊は戦闘任務を実行し、反射統制に任ずる部隊は反射統制活動を実行する。その際、反射統制の標的となるのは、敵の指揮官であり、次に指揮官の参謀である。

　また反射統制を行う場合には、情報パケットがその主要な道具として使用され、情報パケットは敵を反射統制する際の基礎である。したがって、戦闘任務中にどの情報パケットを送信するかという基礎となる具体的な手順書を準備し、将来の任務をより効果的に実行できるようにすることが重要であるとして、その手順・内容が具体的に論じられている。

　特に、これら反射統制の概念・方法については、軍事以外の政治面の意思決定に対しても適用できるものであり、その適用は、独裁（権威）主義的な政治体制と厳格に統制されたメディアを持つ国、ロシアよりも、透明な意思決定プロセスと自由な市民社会に基づいた国に対する方が、おそらく容易であろうと、論じられている。

　このことに関して、ロシアは、多かれ少なかれ、上記のような方法で活

動してきた。西側の選挙に影響を与える試みはこの一例である。また同様の活動はクリミアなどの軍事作戦中に情報操作の一部として行われたと述べられている。

　本書の3.2（第3章第2節）では、上記のロシア反射統制に関して、2010年代以前の反射統制に関する議論では、作戦レベルの言及はなかったが、トーマスの『クレムリン統制』（2017年）には、戦術、作戦、戦略、および地政学レベルで反射統制を適用できるということ、また、ソビエト連邦崩壊後、ロシア人の思考の基盤となる弁証法的唯物論およびマルクス主義理論は、一般社会では少なくとも放棄されたが、ロシアの軍では放棄されてはいないようだということなどが、記述されている。

　本書の結論部分では、特に影響力を行使するための西側とロシアのアプローチ（方法・やり方）の違いを理解すれば、将来この研究をより容易に活用できるようになると再度詳細に説明されている箇所があり、その箇所についてのみ概説する。

　米国の定義によれば、世論や印象に影響を与える西側のアプローチ（知覚管理、戦略的コミュニケーション）の焦点は、選択された情報や指示を標的とする大衆に伝えたり、または標的とする大衆が情報にアクセスするのを阻止したりすることによって、外国の大衆や意思決定者の感情、動機および客観的な推論を操作することである。これは、望ましい方法で真実を提示することであり、作戦保全、欺瞞および心理作戦に基づいている。この戦略的コミュニケーションは、政府レベルの活動であり、その目的は、その活動が標的とする大衆に到達し、当事者自身が有利になる状況を引き起こし、強化し、また持続させることである。この戦略的コミュニケーションは、さまざまな方法と政府レベルで利用可能なすべてのチャネルを使用し

て行われる。標的とする大衆と意思決定者の分析、および標的とする大衆
の感情や動機を理解する方法（主観的な背景要因）の分析は、これらのアプ
ローチの主要な要素である。標的とする大衆と情報の選択に対する主観的
な（理解の）アプローチでは、フィードバックチャネルを使用する必要があ
る。すなわち、その行動が必要な影響を引き起こしているかどうか、また
その行動をフィードバックに従って調整する必要があるかどうかというこ
とを測定し評価することは、第二次大戦以来続く、世論に影響を与える西
側の方法の一部であった。

　本研究で述べたロシアのアプローチは米国とは異なり、その目的は、事
前に状況を判断し、どのようなフィードバックチャネルも必要としないよ
うに自分の行動および情報の送信を詳細に計画することである。（客観的な
世界観から生じる）影響を与えることに対するロシアのアプローチの前提は、
特定の情報チャネルを通じて特定の情報を提供することにより、その応答
を事前に予測できるということである。ロシアの情報操作では、外国と国
内の標的とする大衆に違いはない。すなわち、その活動は、自分の目標を
達成するために重要な意見を持つグループに、または情報操作を受けたと
きに幅広い影響を生み出すのに役立つグループに焦点を当てており、国内
外の意思決定者はそのような活動の主要な標的となる。ロシアの情報操作
の理論では、情報操作の目標は、多数の異なるチャネルを通じて自分たち
のナラティブ〔訳注：当事者が標的とする大衆に対して作る物語・話〕と見解を伝
え、それらが少なくとも一部の西側のメディアに取り上げられることであ
る。

　過去10年間に行われた観察により、ロシアは少なくともある程度まで、
客観的な真実とは関係のない、代替のナラティブを作り上げたということ
が明らかになっている。長期的には、ロシアによって実施された体系的な
情報操作も結果を出しており、すなわち、それらは、国民と政府の間に不
確実性と疑念を生み出しているということである。同時に、二極化社会の

影響を受けやすい国民の意見を誘導するための取り組みが行われているということである。

　終わりに、本翻訳書を刊行するに当たり、株式会社エヌ・エス・アールへの日本語翻訳権の条件付き無償提供について快く承認されたフィンランド国防大学の研究部長ハンヌ・H・カン（Hannu H. Kan）氏、覚書手続きに関して丁寧に対応されたアキ・アウナラ（Aki Aunala）氏、また出版を快諾されかつご尽力いただいた株式会社五月書房新社の杉原修氏に対して翻訳者一同にかわって深甚なる謝意を表したい。

　　令和4年3月　吉日

監修者しるす

要　旨

　本研究の目的は、反射統制（Reflexive Control）が何を意味するのか、それがどのように適用できるのか、またそれを適用するためにどのような方法を用いることができるのかを明らかにすることである。本研究では、反射統制とシステム理論のより広い概念を組み合わせて、西側の資料ではあまり議論されていない視点から問題を検討している。同時に、筆者はまた、公開されているロシアと西側の文書を広く利用することにより、西側の議論にありがちで、根拠のないこのテーマに関する秘密主義的な雰囲気を和らげようとしている。

　反射統制の背後にあるものを理解するために、筆者はサイバネティックスとシステム理論の間の接点を論じている。本研究では、これらの概念から生まれた反射システムに焦点を当てており、反射システムは敵が使用する類似のシステムに合わせてシステムの動作を調整しようとするものである。言い換えれば、敵のシステムをこちらの活動に「反射」させようとするものである。

　本研究では、ソビエト時代の概念の発展を経て、ソビエト連邦崩壊後のロシアにおけるこの分野の発展を結論としている。反射統制の歴史を振り返った後、筆者はその概念と適用について、ロシアにおける戦争の本質と軍事的意思決定への影響についての議論と関連させて論じている。本研究では、これらの原則を用いて、反射統制の包括的なモデルを提示している。

　本研究の最後に、筆者はこの研究で得られた知見をより広い文脈の中に位置付けている。この結論は、ロシアがすべての作戦レベルで敵国の指揮統制システムの分析を利用しているという仮定に信憑性を与えるものである。したがって、この活動が純粋な日和見主義に基づくものである可能性は極めて低い。むしろ、本研究が示唆するように、ロシアがより高いレベルの戦略を隠蔽しようとしていることは、より蓋然性のある説明である。

　また、筆者は結論として、（客観的な世界観から生まれる）ロシアの情報操作に対するアプローチの前提は、特定の情報が特定の情報チャネルを介して供給されるときに、その反応が予想できるものであると指摘している。これは西側の考え方とは異なる。この違いは、西側の研究者がロシアの情報操作を研究する際に直面する課題の一端を説明するものでもある。

　キーワード：指揮統制、サイバネティックス、意思決定、情報戦、
　　　　　　　反射統制、反射性、ロシア、ソビエト連邦、システム、
　　　　　　　システム理論

序　文

ティモシー・トーマス（Timothy Thomas）
米国陸軍（退役）

　ロシアの反射統制理論は、何十年にもわたって西側の研究者の興味を引いてきた。この理論の最初でもっとも完全な解説の一つは、1986年にダイアン・チョティクル（Diane Chotikul）が米国海軍大学大学院に寄稿したものである。今回、フィンランドの分析官であるアンティ・ヴァサラ（Antti Vasara）が、近年では初めてとなる反射統制に関する包括的な最新情報を発表した。

　ヴァサラはこのテーマについて半分近くがロシア語の100編／冊以上の文献をまとめた［全面的に明かすが、この著者（チョティクル）は彼の情報源の一つであった］。彼の主要な研究は、反射統制理論の創始者であると確信されているウラジミール・ルフェーブル（Vladimir Lefebvre）の研究から始まる。ルフェーブルがもっとも有名になったのは、彼の1984年の研究書『反射統制：敵の意思決定プロセスに影響を与えるソビエトの概念』である。ヴァサラは、『Voennaya Mysl（軍事思想）』、『Armysky Sbornik（陸軍誌）』、および『Morskoy Sbornik（海軍誌）』といった雑誌を詳細に調査して、ルフェーブルの研究をはるかに凌駕する、彼の研究を裏付け、そして更新するこのテーマに関する多くの論文を明らかにした。

　ヴァサラは、反射統制の概念が、サイバネティックス、意思決定、およびシステムと制御理論を研究しているソビエトの理論家たちの研究の中で生まれたという点から議論を始めている。その議論に続いて、ロシアの指揮統制システムについて考察している。彼が要約した 2007 年の『Voennaya Mysl』誌の論文では、システムはそれと相互作用する別の複雑なシステムの意思決定を考慮に入れることによって意思決定を行い、その活動を組織することができると述べられているが、ここでいう「反射」とは、敵の分析的意思決定プロセスの反射と理解される。これにより、システムが当事者自身に有利な意思決定を行うことができるようになる。これが、反射統制の背後にある基礎となる考えである。

　ヴァサラは、こうした理論的構成を理解した上で、ロシアの指揮統制に対するアプローチに関する独自のシステム理論的およびサイバネティックス的なモデルを作成した。それは人間の意思決定者、幕僚をサポートする意思決定支援システム、情報の中継とフィードバックチャネルを持つ指揮システム、および指揮官に従属するシステムとそれに対応する敵のシステムから構成される。いくつかの図がこの主張を裏付けている。さらに、影響工作は、相手の主要な意思決定者である指揮官を第一に、その幕僚を第二に標的とするとしている。

　このモデルは、建設的（創造的）方法と破壊的方法に分けられる。前者は、敵に望ましい意思決定をさせることを目的とする手順を使用し、後者は、敵の意思決定を弱め、混乱させようとする方法を使用している。このモデルでは、反射統制の種類、統制入力の形式、および反射統制の能力を発揮させる方法が異なることが特徴である。建設的な入力は、我の行動と情報に基づくもので、心理的な入力は、出発点または敵の意思決定者に対して

我が有利な状況図を作らせることに基づいている。破壊的な入力は、我による奇襲／欺瞞の使用、または敵のシステムと意思決定者に情報を与えて混乱を生じさせることである。ヴァサラの言葉では、このモデルは、「1989年のアーサー・リッケ（Arthur Lykke）の軍事戦略論文のために作成された『目的―方法―手段』の区分を用いて、反射統制の行使方法から目標までのすべての側面を網羅している」と言われている。

　ヴァサラの考える反射統制の核心は、次のようなものである（これは、本書では少し後で述べられている）。

　　反射統制理論の背後にいる人物であるウラジミール・ルフェーブルは、敵が利用可能な選択肢の計算に使用できる敵の意思決定プロセスをモデル化するために反射方程式を開発しようとした。これにより、紛争の相手が敵の状況図を知り、それを敵が問題を解決するために自分のドクトリンにどのように適用するのかを認識していれば、優位性を得ることができる状況が生まれる。

　ロシアは長い間、敵国の意思決定支援システムに関心を持っていた。クレムリンの安全保障専門家たちは、敵国の指揮統制システムをあらゆるレベルで分析しているようである。したがって、戦略レベルでの反射統制の影響は無視できないとヴァサラは指摘している。反射統制は交渉手段として使用するための体系的なアプローチであり、ソビエトの生い立ちに基づいているため、権力が変わってもおそらく消滅することはないであろう。

　また、ヴァサラは、過去10年間にロシアの反射方程式が実践的な戦闘活動における敵に対する反射統制へと変化していることを指摘している。特に、このことは、戦場でのいわゆる情報パケットの利用を論じたカザコ

フ（Kazakov）、キリューシン（Kiryushin）、およびラズキン（Lazukin）の研究
で分析されている。ヴァサラ は、ロシアの事例では、「自分の物語と見解
を多数の異なるチャネルで伝え、それらが少なくとも一部の西側メディア
によって取り上げられることが目標である」と指摘し、その事例を裏付け
るために利用できるものを作成した。その主な目的は、いくつかの別の真
実を作り出すことである。

　ヴァサラの論文は、反射統制に対するロシアのアプローチを解読し、彼
が提案したモデルに基づいて西側の聴衆に別の理解の仕方を提供しようと
した点でユニークである。彼がこのテーマを建設的方法と破壊的方法に分
けたことは、ロシアの反射統制方法論の目標を確認するのに適している。

　最後に、ヴァサラの研究に欠落があると考える読者のために、彼の研究
と結論に潜在的な欠落があると考えられるものだけではなく、彼が行った
ように反射統制と彼のモデルを説明するために特定の言語を選んだ理由を
説明している。つまり、ヴァサラは、他の研究者が研究して使用できる、
反射統制に対する創造的方法をアナリストに提供するだけではなく、この
概念をさらに研究する分野も提供している。ロシアの欺瞞手法の研究に専
念している西側の機関は、本書を必読書に加えるべきである。

目　次

ロシアの情報兵器としての反射統制の理論

現代のロシア軍事戦略の枠組みにおける
原点、進化および適用

フィンランド国防研究 22

Theory of Reflexive Control

Origins, Evolution and Application
in the Framework of Contemporary Russian Military Strategy

Finish Defense Studies 22

アンティ・ヴァサラ
Antti Vasara

フィンランド国防大学
National Defense University of Finland

鬼塚隆志 監修

壁村正照、木村初夫 訳

五月書房

---

1. 序 論

1.1 研究の背景

　意思決定を行う能力は、効果的な統率のための前提条件の一つである。意思決定者の数が限られている状況では、直接的な彼らへの影響は、政策を立案し、戦争を実行する効果的な方法である。情報環境の変化と過去数十年にわたる戦争と平和の区別のあいまいさは、潜在的な意思決定者の数と影響工作の標的を増やしてきた。同時に、意思決定に影響を与えるための取り組みは現在、西側でもロシアでもより総合的に研究されている。情報環境下でロシアが直接的または間接的に実施した影響工作は、近年さまざまな視点から研究されてきた。本研究の焦点は、これらの工作の背後にある理論の一つである反射統制である。ソビエト連邦によって適用された反射統制は、1980年代にはすでに西側で関心が高まっていた。しかし、いくつかの例外はあるが、ほとんどの研究者は、その使用の背後にあるサイバネティックスおよびシステム理論の側面を無視してきた。

　西側の研究の伝統では、ゲーム理論モデルまたは経済人の思考（Mill, 1836）で観察されるように、あるいはハーバート・サイモン（Herbert Simon, 1955）によって最初に議論されたのと同じく限られた合理性の背景に対して検証されたように、意思決定は特に合理的であると見なされてきた。合理性の制限の問題は、われわれを完全に合理的かつ客観的な決定を行うことから妨げる不協和音について述べているカーネマン（Kahneman, 2003）に

よっても議論された。したがって、意思決定に関する西側の研究では、意思決定者の主観的な性質が意思決定プロセスの一部として考察されている。

同様に、1970年代後半以降、軍事組織や軍事指導者による意思決定は、時間の制約を受けるプロセスとして記述され、ジョン・R・ボイド（John R. Boyd）が米国で開発した有名な OODA ループは、この一例である（Boyd, 1996）。このモデルでは、敵よりもより迅速に意思決定を行うことが、戦場の重要な要素として記述される。ボイドの後、階層組織での意思決定はクライン（Klein）といった研究者によって研究されてきた。彼の見解では、動きの速い、時間の制約のある状況で個人は、さまざまな選択肢を合理的に検討するのではなく、彼らの見方がもっともよく機能する解決策を優先し、通常、意思決定は経験に基づく（Klein, 2008）。

ロシアの文脈では、軍事的統率力に関する議論は上記のモデルに基づいていないが、しかし、指揮統制プロセスの弁証法的および体系的な性質の理解に由来する。この伝統は、弁証法的唯物論が公式イデオロギーとしての地位を失ったソビエトの崩壊でも消えなかった。軍事的統率力とその研究において研究哲学として広くいまだに使用されている（Lalu, 2014, p.368）。

学者の間で広く保持されている見解は、反射統制は情報戦と知覚管理（perception management）でだけ使用されているということである。本研究では、反射統制は、方法に関するより良い理解を得るための総合的なアプローチと包括的な概念として解釈され、ロシアにおいて戦いの概念がどのように見られているかを確立するために必要であった。したがって、本研究は軍事サイバネティックスとシステム理論の概観を提供し、また筆者はロシアの思考、意思決定、およびシステム理論についても深く掘り下げている。

　反射統制の背後にあるものを理解するために、筆者はサイバネティックスとシステム理論（フィードバックによって機能する方向へ導かれるシステムによるサイバネティックシステム）の間のインターフェースについて議論する。本研究は、敵によって使用されている同じようなシステムに従って動作を調整しようとするシステムにおけるこれらの概念の発現である反射システムに焦点を当てている。つまり、相手のシステムを当事者の活動によって「反射」（reflect）させようとしているのである。筆者は、最初に基となる理論を開発し、後に米国に移住した、ウラジミール・アレクサンドロヴィッチ・ルフェーブル（Vladimir Alexandrovich Lefebvre, 1936年生まれ）の1960年代の著作について論じ、次に、1980年代のソビエト連邦における概念の理論的および実用的な応用について論じている。この議論は、ソビエト連邦の崩壊の後におけるロシアでのその分野の発展の概要で締めくくられる。反射統制理論の開発は、近年までロシアで継続され、それは人間の意思決定は客観的に模倣することができるという前提に基づいている。反射統制の歴史を振り返って、筆者は、ロシアにおける戦いの性質を軍事的意思決定への影響に関する議論と関連させて、その概念と応用について論じる。

　反射統制を研究してきた米軍の上級分析官ティモシー・トーマス（Timothy Thomas）によると、ウクライナの紛争で〔訳注：ロシアによって〕適用された手段は、2010年代初頭にロシアの軍事誌に発表された反射統制の記述と一致する。彼の見解によると、ロシアとの国境に置かれたNATOの部隊の強化は、まさにロシアが反射統制工作（Thomas, 2015, p.117）を講じるときをねらったことである〔訳注：ウクライナでのロシアの行動を見たバルト諸国と東欧諸国は、NATO兵力の増派を要望し、NATOはこれに応じた。これがロシア側から見ればNATOの脅威が高まったという事実と宣伝され、ロシアが新たな軍事ドクトリンを採用し国防費を増加させる明白な根拠となった〕。トーマスは、ロシア人の軍

事研究者ヴァレリー・マクニン（Valery Makhnin）によって 2012 年に記述された反射の変化は、キエフのマイダン広場での事件〔訳注：2014 年 2 月にウクライナの首都で勃発した政府とデモ参加者との暴力的衝突〕がロシアのメディアによって記述されたのと同じ方法であり、ウラジミール・カザコフ（Vladimir Kazakov）とアンドレイ・キリューシン（Andrei Kiryushin）によって 2014 年の『Voennaya Mysl』誌（ibld., p.118）における彼らの論文で記述されたように、ロシアはウクライナとの国境に二段階統制を導入しようとしたと付け加えた。この話題はまた、ロシアによる反射統制の使用は西側に「分析的麻痺」を引き起こす可能性があると示唆する NATO 国防大学研究者カン・カサポグル（Can Kasapoglu）によって論じられてきた。結果として、西側はリスクが低い傾向にあると認識されている対策を選ぶかもしれないが、実際にはロシアが武力により目的を達成することを助けてしまっている可能性もある（Kasapoglu, 2015, p.12）。

　この話題は、近年ロシアでも論じられている。ロシア航空宇宙軍の最高司令官であるセルゲイ・スロビキン（Sergei Surovikin）上級大将は、ロシア軍の目的は、情報優越と、敵対国の政府と軍事組織における意思決定の混乱と弱体化を達成することにあると記述している（Surovikin & Kuleshov, 2017, p.7）。これらは共に反射統制の目標である。実際に、本研究の発見事項によると、論文で論じられている理論的発展と実際の行動は、並行して進展してきた。

　本研究のために作成された二重反射モデルは、将来の研究者により、ロシアが反射統制を意思決定に影響を与えるプロセス全体における要素としてどう見ているか、またどのように意思決定者に影響を与えようとしているかについて理解しようとするときに使用可能なように記述されている。

　本研究の終わりに提示した結論で、筆者は、より広い文脈において本研究で発見されたことを位置付けた。結論は、ロシアがあらゆる作戦レベルで敵の指揮統制の分析を使用しているという前提に信頼性を与えている。したがって、純粋な日和見主義に基づいて活動していることはほとんどない。代わりに、本研究が示唆するように、ロシアが、より高いレベルの戦略を隠蔽しようとしていることは、より蓋然性のある説明である。

　筆者は結論でまた、（客観的な世界観から生じる）ロシアの情報作戦（情報操作）に関するアプローチにおける前提は、特定の情報が特定の情報回線を通じて供給されたときは、応答が期待される可能性があることも示唆している。すなわち、最終的な分析においては、情報に関する個人の主観的な意見とは無関係である。これは西側の考え方とは異なる。この違いもロシアの情報操作を研究する際に西側の研究者が直面するいくつかの課題を説明するかもしれない。

1.2　本書の構成

　本書は、1950年代から現在までのソビエト連邦とロシアにおけるシステム理論とサイバネティックスの開発の概要から始まり、さまざまな指揮統制システムについて記述し、ロシア軍において適用される統率力の原則について説明している。これは、軍事的意思決定の反射モデルの基礎として使用される。サイバネティックスの原則がロシアの軍事的指揮の慣行をどのように形作ったか、また反射統制の創造の背後にある要因となったのかを示すことが目的である。

　本書の主要部分で、筆者は、1960年代以来、サイバネティックスの研究と並んで継続している発展について記述し、敵の意思決定と意思決定者に

影響を与える方法に関するソビエトとロシアの考え方の形成について述べている。反射統制の理論は、これらの発展から生まれている。この目的は、反射統制の歴史と発達の詳細な概要を提供し、影響工作において反射統制が果たす役割の理解を広げることにある。

　理論的な部分の後には、反射統制モデルの説明が続く。本研究と合わせて作成された二重モデルは、既存の研究において説明されている反射統制モデルよりも影響力行使の手段についてより幅広いアプローチを提供し、またそれは建設的および破壊的な反射統制方法に分かれている。

　本書の最後に提示された結論で、筆者はシステム理論と反射性がロシアの戦略的思考の基礎にどのように影響を与えてきたかを分析し、意思決定に影響を与える方法に関するロシアと西側の違いを評価する。筆者はまた、将来の研究のために本研究で作成された反射統制モデルの使いやすさを見直し、本研究から生じる追加の研究のための主題のいくつかも列挙する。

1.3　システム思考と反射統制理論に関する既存の文献

　ここ数十年の間に、システム理論、サイバネティックス、および反射統制が広範囲にわたって世界中で研究されてきたが、類似点に注目した研究者はほとんどいない。西側で行われた研究に加えて、ソビエト連邦とロシアでも広く研究され、議論されており、これらの研究と出版活動は、本章の終わりで再考されている。

　米国海軍大学院に勤務していたダイアン・チョティクル（Diane Chotikul）が書いた研究は、この報告書のためのシステム理論、サイバネティックス、および反射統制との関係のもっとも詳細な情報源を提供している。彼

女の研究である「歴史的および心理文化的視点におけるソビエトの反射統制理論：予備研究」(*Soviet Theory of Reflexive Control in Historical and Psychocultural Perspective: A Preliminary Study*)（Chotikul, 1986）は、本書の位置付けの基礎としての役割を果たし、筆者にこれらの三つの概念が補完的かつ並列的に機能する概念として検討することを促した。チョティクルの研究も、ソビエト連邦と西側の間の文化的違いの詳細な分析を提供しているため、重要である。文化の違いを理解することは、反射統制の基礎を理解するのにも役立つ。

米国海軍大学院にも勤務しているクリフォード・リード（Clifford Reid）の論文「ソビエト軍事計画立案における反射統制」(Reflexive Control in Soviet Military Planning)（Reid, 1987）は、本研究の第二の礎石としての役割を果たした。この論文は出版物『ソビエトの戦略的欺騙』(*Soviet Strategic Deception*)（ed. Dailey & Parker, 1987）に掲載されている。リードはこの論文で、反射統制の誕生と発展について反射統制の手段の総合的な説明の基礎としてソビエト連邦で出版された論文や文献を使用して記述している。

米国陸軍の外国軍事研究室（FMSO）に研究者として従事したティモシー・トーマスは、反射統制について西側でもっとも頻繁に取り上げられる研究者である。彼は1990年代半ば以降、ロシアの戦争への取り組み、ロシアの考え方、および反射統制について研究してきた。トーマスの研究はロシアでも注目され、また彼のテキストはしばしばロシアの軍事誌で引用されている。『反射プロセスと統制』(*Reflexive Processs and Control*)誌において発表された、彼の論文「ロシアの反射統制：理論と軍事的応用」(Reflexive Control in Russia: Theory and Military Applications)（Thomas, 2002）で、トーマスは1960年代と2000年代の間の反射統制の発展を四つの異なる段階に分けており、本研究ではその区分が使用されている。

　これらの論文に加えて、著書『赤い星の役替え』(*Recasting the Red Star*) (Thomas, 2011) では、2010 年代初頭のロシアの軍事力と反射統制の発展を説明し、『ロシアの軍事戦略　―21 世紀の改革と地政学への影響―』(*Russia Military Strategy – Impacting 21st Century Reform and Geopolitics*) (Thomas, 2015) では以前の研究を補足しさまざまな視点からのウクライナでの反射統制の使用の可能性を説明しているが、これらも本研究では出典として使用している。トーマスの論文「ロシアの将校のように考える：戦争の本質に関する基本的な要因と現代の考え方」(Thinking Like a Russian Officer: Basic Factors and Contemporary Thinking on the Nature of War) (Thomas, 2016) は、本研究のロシアの軍事指揮の実践と意思決定を論じる部分でも使用されている。トーマスの最新研究である『クレムリン統制』(*Kremlin Kontrol*) (Thomas, 2017) と『ロシアの軍事思想：概念と要素』(*Russian Military Thought: Concepts and Elements*) (Thomas, 2019) は、最新の動向を筆者が見直す際に使用した。また 2010 年代の論文やその中で使用されたその他の文献も本研究の出典とした。

　イルマリ・スシルオト (Ilmari Susiluoto) は、博士論文「ソビエト連邦のシステム思考の起源と発展」(The Origins and Development of Systems Thinking in the Soviet Union) (Susiluoto, 1982) において、計画経済とシステム思考との連接を決定するためにソビエト連邦におけるシステム理論の創造と発展を研究した。この論文でスシルオトは、ソビエトの目的は、サイバネティックスとシステム理論の組み合わせを使用することによって社会に科学的な統制を加えることにあると結論付けた。同様の結論が MIT の研究者であるスラバ・ジェロビッチ (Slava Gerovitch) によって提示された。彼は著書『ニュースピークからサイバーピークへ　―ソビエトのサイバネティックスの歴史―』(*From Newspeak to Cyberpeak – a History of Soviet Cybernetics*) (Gerovitch, 2002) の中で、1950 年代から 1980 年代までのソビエト連邦におけるシステム理

論とサイバネティックスの発展について述べている。ジェロビッチとスシルオトの発見事項はまた、ベンジャミン・ピーターズ（Benjamin Peters）が『国家をネットワーク化しない方法』（*How Not to Network a Nation*）(Peters, 2016)で得た結論によって裏付けられている。MIT の研究者であるピーターズはこの著書において、国家的規模の情報ネットワークを構築しようとするソビエトの試みについて説明している。サイバネティックスの発展は、これらの取り組みと密接に関連している。

　ハイジ・バーガー（Heidi Berger）が書いた『ロシアの対テロ戦と五日間戦争における情報心理戦』（*Venäjäninformaatio-psykologinensodankäyntitapaterror ismin torjunnassa ja viiden päivänsodassa*）(Berger, 2010) も出典として使用した。この本の中で、バーガーは反射統制の重要な定義を提示し、その作戦上の使用について説明している。結論は、ロシアはその国内および外交政策、またあらゆるレベルの戦いにおいて反射統制を使用するということである (Berger, 2010, p.145)。バーガーとは異なり、筆者はロシアが使用した戦略的な心理社会的欺瞞と社会間の対立の一部として、より広範囲に反射統制をモデル化することを試みた。

「ハイブリッド環境での戦い　―現代の課題を理解する分析のための道具のとしての反射統制―」（Warfare in Hybrid Environment – Reflexive Control as an Analytical Tool for Understanding Contemporary Challenges）（Huhtinen, Kotilainen, Streng, & Särmä, 2018）は、反射統制について論じている最新の論文の一つである。この著者たちは、反射統制が情報戦よりも広い概念であり、それを理解することが、ハイブリッド戦の多次元概念の分析にも役立つと結論する（Huhtinen et al., 2018, pp.72–73）。本研究のもう一つの目的は、単なる情報戦以上のものを伴う概念としての反射統制への理解を深めさせることにある。

ロシアの情報操作と反射統制もまた、フィンランド国際問題研究所において研究されてきた。

その報告書『虚偽の霧　―ロシアの欺騙戦略とウクライナ紛争―』(*Fog of Falsehood – Russian Strategy of Deception and the Conflict in Ukraine*)(Pynnöniemi, 2016) の第二部で、反射統制はロシアの戦略的な欺騙へのアプローチの構成要素として特徴付けられている。その報告書の執筆者であるカトリ・ピノニエミ (Katri Pynnöniemi) は、反射統制は、敵の自己分裂を達成する一つの方法であると記述する。ピノニエミによると、敵は、武器を使用する主体としての意図に従って、情報処理プロセスや情報システムに変化をもたらすことが可能な特別に選択された情報を使用して、標的を定めることができる (Pynnöniemi, 2016, pp.36–37)。本研究においても、より広い範囲の研究資料を利用しているが、同様の結論に達している。

情報操作およびサイバー作戦において反射統制の原則を適用することについて論じている論文が、『情報戦誌』(*Journal of Information Warfare*Jaitner) (Jaitner & Kantola, 2016) において発表されている。この著者たちの結論の一つは、反射統制が、長期間のプロセスの結果であり、情報戦に関する理論について一つの視点しか提供していないということである。本研究の目的の一つは、情報戦を超えて視野を広げることである。

『ロシアの反射統制』(*Russian Reflexive Control*)(Giles, Seaboyer & Sherr, 2018) は、反射統制のより最近の研究の一例である。これは、チャタムハウス (Chatham House) の研究者であるキール・ジャイルズ (Keir Giles) とジェームズ・シャー (James Sherr)、ならびにカナダ王立軍事大学の政治史の教師であるアンソニー・シーボイヤー (Anthony Seaboyer) によって書かれた。本書の筆者の結論に沿って、これらの研究者もまた、反射統制の長期的かつ体系的な性質を浮き彫りにしている。

　上記の出版物に加えて、反射統制はスウェーデン（Furustig, 1994; Värnqvist, 2016）、英国（Blandy, 2009）、ラトビア（Berziņš, 2014）および NATO（Kasapoglu, 2015）においても研究されてきた。本研究ではこれらの出版物を使用しながら、既存の研究に存在する欠落点を特定する試みを行うとともに、筆者はそれらの前提についていくつか疑問を投げかけてみた。

　理論と実践を組み合わせる観点から、西側の研究においては、反射統制はチェチェン（Berger, 2010）、ジョージア（Berger, 2010; Blandy, 2009; Thomas, 2011; Värnqvist, 2016; Giles, Seaboyer & Sherr, 2018）、クリミア（Kasapoglu, 2015; Giles, Seaboyer & Sherr, 2018）、ウクライナ東部（Berziņš, 2014; Giles, Seaboyer & Sherr, 2018; Thomas, 2015）およびシリア（Giles, Seaboyer & Sherr, 2018）での過去と現在のロシアの活動を説明する要素として解釈されてきたことに注意すべきである。これらの発見事項に促されて、筆者は本研究で準備した二重モデルに従って経験的資料を使うことを決定している。

　ロシアの戦略的文化について議論しシステム間の対立の観点から話題を検討する西側の研究の中で、筆者はスティーブン・R・コヴィントン（Stephen R. Covington）による論文「ロシアの戦いに対する現代的アプローチの背後にある戦略的思考の文化」（The Culture of Strategic Thought Behind Russia's Modern Approach to Warfar）（Covington, 2016）を使用した。彼の論文では、ロシアに関する経験豊かな専門家であるコヴィントンは、西側の観点から戦いへの総合的なロシアのアプローチを説明する。この見方は、オーストリアの安全保障専門家で欧州評議会の研究者であるグスタフ・グレッセル（Gustav Gressel）によって書かれた「ロシアの静かな軍事革命とそれがヨーロッパにとって意味すること」（Russia's quiet military revolution and what it means for Europe）（Gressel, 2015）という論文で補足されている。FMSO の二人の経験

豊かな研究者であるレスター・W・グラウ（Lester W. Grau）とチャールズ・K・バートルズ（Charles K. Bartles）によって書かれた『ロシアの戦争の方法』（*The Russian Way of War*）（Bartles & Grau, 2016）という研究書は、軍事指揮統制の問題に関する事項の出典として使用した。

1.4　主要な研究資料

　筆者が使用した主要な研究資料は、サイバネティックス、システム理論、指揮統制、意思決定および反射統制の理論に関するロシアの研究文献から構成されている。筆者が使用したソビエト連邦で出版された教範や軍事科学科目に関する研究書は、フィンランド国防大学図書館の「ルシカ」（Russica）コレクションの収蔵図書である。

　反射統制の元の理論の背後にいるウラジミール・ルフェーブルと彼に関連する研究者が書いた研究書は、反射統制に関する重要な出典としての役割を果たした。本研究では、ルフェーブルの以下の著書、すなわち、『矛盾する構造』（*Konfliktujustshie struktury*）（Lefebvre, 1967）、『良心の代数』（*Algebra of Conscience*）（Lefebvre, 1984a）および『反射統制：敵の意思決定プロセスへ影響を与えるソビエトの概念』（*Reflexive Control: The Soviet Concept of Influencing on Adversary*）（Lefebvre, 1984b）を使用した。筆者はまた、ルフェーブルが過去20年間に英語で発表した論文と『反射ゲーム理論に関する講義』（*Lectures on the Reflexive Game Theory*）（Lefebvre, 2010）という著書も使用した。筆者が使用したその他のソビエトとロシアの出典には、ドルジニン（Druzhinin）とコントロフ（Kontorov）による著書『軍事システム工学の問題』（*Voprosi voennoi sistemotehniki*）（Druzhinin & Kontorov, 1976）と過去20年にわたって出版されたディミトリ・ノビコフ（Dimitri Novikov）による論文が含まれる。

　1990 年代後半以来ロシアの軍事誌に発表された電子的に記録された論文は、イーストビュー（East View）検索サービスを通じてアクセスした。軍事理論誌で、ロシア国防省（およびそのソビエトの前身）により発行された『Voennaya Mysl』誌とその英語版『Military Thought』誌、ロシア軍参謀本部の『Armeiskij Sbornik』誌とロシア海軍の『Morskoi Sbornik』誌は、ロシアの重要な出版物である。また、他の軍事系刊行物に掲載された幾編かの論文も使用した。

　本研究開始時の前提は、主題の持つ隠匿的な性質により反射統制の理論的側面に関する資料を入手することは困難だろうということであった。しかし、本研究が進むにつれて、この前提には根拠がないことが判明し、西側とロシアの両方の情報源からの十分な資料の存在を知った。理論的な資料源の階層が、使用に際しての主要な問題だった。すなわち、反射統制の「公式な」真理は存在しないことが明確になり、結果として筆者はルフェーブルの原点の著作を彼の解釈の基礎として、またそれに続く著作の参照先として使用することを決めた。また、2004 年にティモシー・トーマスが発表した「ロシアの反射統制理論と軍隊」（Russia's Reflexive Control Theory and the Military）（最初は Thomas, 2002）といった少数の重要な論文が西側とロシアの両方の著作者たちおよびいくつかの論文において出典として使用され、限られた出典しか列挙されていないことがわかってきた。実際に、真に付加価値のある原典はほとんどないこと、また、チャウソフ（Chausov）やマクニンといった著者たちに過大な評価が与えられている可能性があることが即座に明らかになった。しかし、反射統制について批判的な見方をする論文がないことは問題であった。筆者はこの観点からこの主題に関して論じている論文（Polenin, 2000）は一編だけしか見つけられなかった。

1.5 主要な概念と翻訳に関する注記

　以前の研究の理論的洞察を議論する前に、重要な概念の翻訳に関するいくつかの観察が必要である。本研究で使用されているロシア語の単語のうち、単語「upravlenie」（управление）（「control」）とその派生物である「refleksivnoje upravlenie」と「upravlenie voiskami」のようなものは、もっとも多くの意味（および訳語）を持つものである。

　英語の資料源には対応する単語がないため、ロシア軍が使用する言語を理解するために試行がなされた。したがって、単語「управление」は、文脈によって「統制」、「管理」、または「指揮統制」と翻訳され、それらの違いは元のロシア語の原典の中で人工的に作られている。

　筆者は、英語の出典資料を使用する際に、ホール (Hall) (Hall, 1991) によって観察された慣例に従った。ホールの見解では、ソビエト（ロシア）の指揮と統率に対するアプローチは西側の考え方とは異なる。ロシア語の表現「upravlenie voiskami」は通常「指揮統制」（command and control [C2]）として翻訳される。しかし、文字どおりそれは「部隊の管理」（management of troops）を意味し、したがって、軍の部隊に対して命令された他の行動を表すこともできる。この解釈は、ロシアの思考において戦いや成功した作戦に限定されず、戦闘準備の高レベルの維持や戦闘任務の準備も含まれる。士気の高揚、訓練と管理、および部隊の組織化はすべて「部隊の管理」の一部である。ロシア人の見方では、戦闘の最終結果は戦闘の前に取られたこれらの行動の効率性に大きく依存する。このため、「upravlenie voiskami」を「部隊の指揮」（command of troops）と直接翻訳することはできない (Hall, 1991, p.132)。

しかし、「部隊の管理」もロシア語の正しい翻訳ではない。この翻訳は、このロシア語が一連の管理プロセスを指し、単に部隊を指揮する直接的な行動を指すだけではないという事実を伝えることはできない。「管理」（management）（управление）が行動そのものを実行に移す一方で、「命令を与える」（Giving orders）（командование）は、命令する機能を実行させる道具である。ロシア語の「反射統制」の翻訳は「refleksivnoje upravlenie」（反射管理 [reflexive management]）であり「kontrol」ではないという事実は、本研究にも関連している。管理は、入力とフィードバックの両方を含む動的なプロセスである。ロシア語では、「統制」（control）（контроль）という単語は、フィードバック機能と監督を意味する場合に使用される。したがって、命令と実行は、連続的かつ相互に依存し（弁証法的）ながら二つの別々の機能として見なされる（Hall, 1991, p.132-133）。

指揮のレベルを下げると、これら二つの機能の違いは徐々に消えていく。1977年に出版された軍隊指揮に関するソビエトの本の著者であるイワノフ（Ivanov）、サヴェリエフ（Savelyev）、およびシェマンスキー（shemansky）の見方では、意思決定プロセスは、部隊の管理の基本でもある。同時に、「指揮」（command）と「管理」（administration）は単一の概念になり、「命令」（directing）は「統率」（leadership）とほぼ同等になる。実際、「部隊の指揮と管理」は、「upravlenije voiskami」のより良い翻訳であり（Hall, 1991, pp. 132–133）、また同時に、「refleksivnoje upravlenie」は「反射統制」の代わりに「反射管理」として翻訳することもできる。しかしながら、筆者は他の研究者の研究と本研究を確実に関連付けられるようにするために、他の研究者が使用する「反射統制」という用語に準ずることにした。

原則として、サイバネティックス、システム理論、および反射統制の非軍事的応用は、本研究の範囲外である。ソビエト連邦では、軍事と文民の

研究の区別がないため、このルールは絶対ではない。軍事的な指揮統制においてはシステム理論と反射システムに関連する方法だけを記述する一方で、サイバネティックスでは、筆者はソビエトとロシアのサイバネティックス部門に焦点を合わせている。2000 年代の初め以降ロシアのほぼすべての科学分野で反射統制が応用されている可能性がある（cf. Lefebvre, 2002; Novikov, 2015; Semenov, 2017）にもかかわらず、反射統制の非軍事的応用について、本研究においては議論していない。

2. 理論的な起源と反射統制の進化

2.1　ソビエトとロシアの軍事研究におけるシステム理論の重要性

　権威あるロシアの軍事研究者であるセルゲイ・ボグダノフ（Sergey Bogdanov）とセルゲイ・チェキノフ（Sergey Chekinov）によると、システムのモデリングとシステム理論は、特定の状況とドクトリンに適した効果的な戦闘方法を生み出すための道具である（Bogdanov & Chekinov, 2015, pp. 99–100）。彼らの見解では、軍事理論と実践の問題を解決するためにシステムを研究することは重要であり、彼らはシステム研究が軍事科学への新しいアプローチの適用を加速し、その弁証法的課題への取り組みを容易にするかもしれないと記している。

　ボグダノフとチェキノフによって提示された定義によれば、軍事システムの研究は軍事目的を企図したシステムの理論であり（ibid., p.102）、軍事レベルのすべての問題は特定のシステムをそれぞれのために構築することで解決できると結論付けている。このシステム用に作成された戦略を適用することで問題を特定できるが、作戦能力は問題を解決するのに役立ち、戦術はシステムの部分に役割を作り出す（ibid., p.108, pp.109–111）。この章で筆者は、上記の仮説の構造がどのように構築され、どのような種類の指揮統制システムがソビエト連邦で開発され、ロシアで開発されてきたかについて説明する。

2.1.1 サイバネティックスへのソビエトのアプローチ

　一般的なロシアの学術的伝統とは対照的に、ソビエト連邦のサイバネティック運動は、ソビエトの科学に正確さと均一性を浸透させようとした（Gerovitch, 2002, p.1）。西側では、サイバネティックスは研究者の比較的小さなサークルの関心を集めた概念だったが、ソビエト連邦では、サイバネティックスは1960年代に科学の主流の一部となり、イデオロギー上の言語として使用された（ibid., pp.2–3）。本章では、このプロセスについて説明し、筆者は、サイバネティックスとシステム理論のソビエトの時系列に、反射統制と意思決定の理論を適切に配置しようと試みる。これは、意思決定と意思決定に影響を与える現在のロシアのモデルを理解しようとする意欲によって促されたためである。

　この主題はソビエトの視点からアプローチされた。主題を全体論的（体系的）基盤で見ることが重要だったため、このアプローチでは、特定された物質的な現象が現実の世界を構成し、人間の思考に反映される弁証法的法則に基づいて、すべての現象が検証された。この普遍的なつながりの存在がソビエトの科学者に認められたので、彼らは「体系的」な基盤において計画と統制に取り組むことが容易だったのである。問題が分解され、それぞれが個別に検討される西側の伝統とは異なり、ロシアではシステムが全体として検討され、その目的は、検討されている部門に直接的または間接的な影響を与えるすべての構成物を特定することであった。西側の目には、これはしばしば複雑に見えるが、ソビエトの科学では、体系的なアプローチは、相互に関係する要素の弁証法的システムとして対象物（プロセスと現象）を特定して調べることを意味していたのである。体系的なアプローチは、すべての世界の現象が相互に関連している（Chotikul, 1986, pp.29–30）というマルクス主義弁証法の具体的な現れである。

　早くも 1912 年には、ロシアの哲学者であるアレクサンダー・ボグダノフ（Alexander Bogdanov）が、組織の普遍的な専門分野である組織形態学の考えを発展させた。ボグダノフによれば、すべての動物、機械、人間、思考、および社会は「組織化されたシステム」であり、複雑さのレベルによってだけ区別される。スシルオト（Susiluoto）は論文で、ボグダノフの考えを 1960 年代に一般システム理論の父と見なされたフォン・ベルタランフィ（von Bertalanffy）によって提示された考えと比較し、二つの間に明確な類似点があることを発見した（Susiluoto, 2006, pp.70-71）。ボグダノフが不運にも、彼の考えは 1910 年にレーニンによって弁証法と互換性がないと非難され（Susiluoto, 1982, pp.122–123）、再び彼が自分の理論を提示しようとしたとき、レーニンの後継者であるスターリンの怒りを買い、ボグダノフの考えは危険であるとすぐに烙印を押されたことである（ibid., pp.124–126, 129–132）。スターリンの粛清の間、組織形態学とボグダノフはイデオロギーの裏切り者として宣言されたブカリン（Bukharin）の思想と関連付けられ、その結果、システム理論はスターリンの支配の終わりまで禁制の主題とされていた（ibid., pp.136–140）。

　1929 年に、ソビエトの神経生理学者であるニコライ・バーンスタイン（Nikolai Bernstein）は、目標指向の方法で行動するとき、人間の脳が二つのモデルを作成することを初めて記した。それは実世界（私たちの周りに存在するものを記述するモデル）と目標（将来私たちの周りに何が存在するかのモデル）であった。バーンスタインは、これらの二つのモデルを関連付ける機能を、ニューロンと筋肉への統合された影響から生じるフィードバックと呼んだ。1934 年に、彼は、刺激—反応の連接が単一方向に作用するという概念は、刺激と反応が反対方向にも作用するという「反射円」という概念に置き換える必要があるという「反射弧」の概念を提案した（Gerovitch, 2002, p.109)。同じ結果がサイバネティックスの創設者の一人であるノーバート・ウィーナー（Norbert Wiener）によって 15 年後に発表された（Susiluoto, 2006, p.99）。しかし、バーンスタインの理論はパブロフの生理学に対抗するものであり、ソビエト連邦では主流から外れていたため、評価されなかった（Gerovitch, 2002, p.109）。

　西側では、MIT で勤務する米国の数学者であるノーバート・ウィーナーが、1948 年に『動物と機械におけるサイバネティックス、または統制と通信』（*Cybernetics, or Control and Communication in the Animal and the Machine*）という著作を発表した。サイバネティックスの古典的な著作となっているこの本は、彼のアルトゥーロ・ローゼンブリュート（Arturo Rosenblueth）との議論から生じた研究と考えを基にしている。この本の冒頭で、ウィーナーは、サイバネティックスは統制と通信理論の合成物であると述べ（Wiener, 1961, pp.12–14）、これを対航空機の人間機械システムの設計における彼自身の経験とともに示している（Peters, 2016, p.17）。ウィーナーは本の中で、システムの次の段階（フィードバックループ）で予測される役割、周囲から切り離されたサーボ機構のように監視することができる人体に応じた操作、および「ブラックボックス」における不連続な情報推定の役割といったいくつかの重要な概念を提示している（Wiener, 1961）。ウィーナーにとって、サイバネティックスは、情報システムがニューロネットワークと人間のコミュニティとの間の組織を構築する手段だった（Peters, 2016, p.17）。

　ウィーナーのメッセージは、スターリンの統治中に禁止された 35 年前にアレクサンダー・ボグダノフが発表した考えと多くの類似点があった。その結果、ソビエト連邦はスターリン主義の方法で、哲学的批評を道具として使用し、サイバネティックスを攻撃し始めた。サイバネティックスは、理想主義的で帝国主義的、そして労働者階級の利益に逆らうイデオロギーとして

特徴付けられた。ボグダノフはすでに反ソビエトと烙印を押されていたため、ソビエト連邦ではサイバネティックスに対する別の戦線が開始された。ジェロビッチによると、「サイバネティックス」という言葉は、ソビエト国民がアクセスを許可されたすべての情報を含む1953年の大ソビエト百科事典にも登場しなかった（Gerovitch, 2002, p.103）。1950年、『Literaturnaya Gazeta』誌は、ノーバート・ウィーナーを「本物の科学者の代わりに資本家が使用する種類の詐欺・策謀家」として性格付けた。同誌によれば、米国のコンピューターに対する熱意は「一般の人々をだますことを目的とした巨大なキャンペーン」だったのである。1952年版の同誌では、「米国の偽科学」や「現代の奴隷の主人の科学」などの用語を使用して、サイバネティックスを特徴付けた。1954年には、哲学の小型辞書はサイバネティックスを「反動的な偽科学」として記述した。ジェロビッチによると、このキャンペーンはサイバネティックスとソビエト科学の衝突から生じたのではなく、冷戦の一部として闘われたイデオロギー的闘争によって促された（Gerovitch, 2002, pp.118–119）。しかし、ジェロビッチとスシルオトによると、同時にソビエト連邦はコンピューターの開発を続け、軍事用途でその有用性が認められた（Susiluoto, 2006, p.110; Gerovitch, 2002, pp.119–121）。

　スターリンの死後、ソビエト連邦は全国民の国家になる予定であり、その目的は「レーニン主義」を理想化した形態に戻すことだった。科学者の見解によると、この雰囲気はコンピューターを用いる行政によって、テロからの支配を阻止可能なテクノクラシーがスターリンの理想的な代替物となるため、サイバネティック理想郷（Susiluoto, 2006, p.143）に創造力に富んだ基盤を提供した。1956年10月、ソビエト科学アカデミーは、ソビエト連邦におけるサイバネティックスの発展の転換点となる産業の自動化について議論するセミナーを開催した。リアプノフ（Lyapunov）は、このセミナーに二つの報告書を提出した。一つは会計学の数学的基礎に関するもので、

もう一つは機械翻訳に関するものであった。彼の見解によると、重要な問題は、統制の「アルゴリズム化」または統制と管理を、コンピューターに転送できる一連の論理段階に変換することである。リアプノフはアルゴリズムの構築を重要な問題として特徴付け、サイバネティックスをこの特定の問題の中心にある研究分野として説明した。コンピューターが自動化の中心である場合、サイバネティックスは各コンピューターの中心となるのである（Gerovitch, 2002, p.194）。

それまでのイデオロギー批判はあらゆるレベルでサイバネティックスに向けられていたが、今や状況は完全に逆転した。サイバネティックスは、サイバネティックスへの批判を思想的な陰謀と見なした多数のソビエト数学者とコンピューター専門家によって熱心に受け入れられた（Gerovitch, 2002, pp.194–195）。1958年には、サイバネティックスに関する項目が大ソビエト百科事典に登場した。それは、ソビエトの数学者であるアンドレイ・コルモゴロフ（Andrey Kolmogorov）によって書かれたもので、彼はサイバネティックスを数学的なツールの集まりとしてだけではなく、体系的な構造の点でまだ初期の段階にある別の学問の分野としても熱心に特徴付けた（Gerovitch, 2002, p.196）。ノーバート・ウィーナーの論文「サイバネティックス」は1958年にロシア語に翻訳され、同時にリアプノフは『問題のキベルネティキ』（*Problemy kibernetiki*, サイバネティックスの問題 [*Problems of cybernetics*]）シリーズを発表した（Gerovitch, 2002, pp.196–197）。

ジェロビッチによると、サイバネティックスの考えに対する支援は、二つの相対する陣営からもたらされた。サイバネティックスを擁護する哲学者たちは、サイバネティックスの内部に弁証法的唯物論を置きたかった。サイバネティックスはサイバネティックスの哲学的側面をそれほど重視せず、代わりにその実験的妥当性と実用性を強調した。しかし、同時に、イ

デオロギーの明確さが欠けていたため、ソビエトのサイバネティックス派は彼らの科学の分野に対する継続的な反対に直面しながら定義する必要があった（Gerovitch, 2002, p.197; Peters, 2016, pp.39–40）。

1950年代の終わりまでに、真実を語る「客観的な」コンピューターは理想的なものとなり、新興のサイバネティックスの議論の基礎を提供した。数学者とコンピューターの専門家は、規制手法、情報理論、会計理論などの多数のサイバネティックス理論を単一の概念的な傘理論〔訳注：包括的な理論〕に組み立てる新しい科学の開発を始めた。ソビエトのサイバネティックス派は、段階的に、以前の批判を頭に入れ、科学のすべての分野をサイバネティックス化しようとした。ジェロビッチとピーターズによると、これはノーバート・ウィーナーがサイバネティックスで達成しようとしたものよりはるかに野心的な目標だった。サイバネティックス派はまた、客観性をすべての社会科学に組み込みたいと考えていて、彼らの見解では、漠然としたイデオロギーの言語は、サイバネティックスの正確な言語に置き換えられるべきであった（Gerovitch, 2002, p.199; Peters, 2016, pp.36–37）。

スターリンの統治中は、ソビエトの科学の異なる分野の間には高い壁が建てられた。科学の各分野は、公式に承認された一つの考えの集団によって支配されていた。科学の異なる分野間の認識に関する障害は、公式の学派の知的および制度的権威を後押しした（Gerovitch, 2002, pp.200–201）。これに反対して、サイバネティックスは、異なる科学分野間の障害を取り除くための取り組みにおいてソビエトの科学における主要な道具となった。ソビエトの科学者たちは、現代科学の「サイバネティックス化」を実現するために（＝体系的に科学的論議をサイバー言語に翻訳するため）懸命に努力した。

実際、1950年代後半から1960年代前半にかけてサイバネティックスは、

数学者、コンピューター技術者、生物学者、および生理学者らが集まり、理論、方法、仮説を共有する傘へと発展した。レオニド・クレイツマー（Leonid Kraizmer）によれば、サイバネティックスは「完全にではなく、プロセスの管理について話している範囲において、科学のすべての分野を網羅している」としている。クレイツマーも弁証法的唯物論の公式見解に沿って哲学を総合的なテーマと見なしたが、彼の見解では、サイバネティックスは哲学の影響を受けない唯一の科学分野なのである（ibid., pp.200–201）。

　サイバネティックスの運動を率いたアレクセイ・リアプノフ（Alexey Lyapunov）は、最初はモスクワで、次に秘密都市のシベリアのアカデムゴロドク（Akademgorodok）で、サイバネティックスの研究の制度化に取り組んだ。リアプノフは、ソビエト連邦無線電子副大臣を引退したばかりのアクセル・バーグ（Aksel Berg）に連絡を取り、ソビエト科学アカデミーの後援の下で活動しているサイバネティックスの評議会の議長を受け入れるべきだと提案した。これはソビエト連邦におけるサイバネティックスの考えの発展の始まりを示し、バーグの強力な個性によってその取り組みは拍車をかけられた（Gerovitch, 2002, pp.204–206）。

　アクセル・バーグのサイバネティックスのイデオロギー、セルゲイ・レベデフ（Sergey Lebedev）の機器、アレクセイ・リアプノフのプログラミングの考え、およびヴィクトル・グルシュコフ（Viktor Glushkov）の機器とネットワークによって推進され、フルシチョフの統治時代および彼の追放直後の数年の間に、ソビエト連邦のサイバネティックスとコンピューター化の急速な進歩が達成された。サイバネティックスの理想郷の真の突破について話せるように、サイバネティックスの応用を生活のあらゆる分野に導入する計画があった（Gerovitch, 2002, pp.143–144）。これは、ウラジミール・ルフェーブルがサイバネティックス研究所で働いていた時期でもあり、反射

統制の考え方が最初に現れた時期であった。それは、サイバネティックスとシステム理論の発展による有利な雰囲気の中でだけ可能だった。指揮システムの基礎に関する現在のロシアの理論の基礎も、その数年の間に築かれた。

サイバネティックスの発達に後押しされ、1950年代後半から60年代初頭にかけてソビエト連邦ではコンピューター科学の主題と科学的意思決定に強い関心があった。それまでは、意思決定は経験と直感に基づく芸術と考えられていた。思想的信念と党への忠誠も役割を果たしていると見られていた。大祖国戦争から学んだ教訓が評価されたとき、間違った決定から生じる危険が高くなっていると結論付けられた。したがって、目標は現在、意思決定を定量化し、技術と産業の自動化を増加させることとなった（Chotikul, 1986, p.84）。

2.1.2　サイバネティックス、システム、および制御理論におけるソビエトの発展

ソビエト連邦におけるサイバネティックスの発展は、概念の明確な定義の欠如によって妨げられた。1955年に発表された論文において、リアプノフ、ソボレフ（Sobolev）、およびキトフ（Kitov）は、三つの理論に基づいてサイバネティックスを定義した。それは、情報理論、脳のような自己組織化プロセスとしてのコンピューターの理論、および自動化された管理システムである。3年後、リアプノフとソボレフはサイバネティックスに四つの異なる定義を与えた。

1. サイバネティックスは、統制システムと統制プロセスを研究するために数学的な方法を使用する科学の分野である。

2. サイバネティックスは、機器、生物、および人間社会における統制および管理プロセスを研究する科学の分野である。

3. サイバネティックスは、情報の送信、処理、および保存を研究する科学の分野である。

4. サイバネティックスは、現実の統制プロセスアルゴリズムの構造を創成、変換、解釈する方法を研究する科学の分野である。

1959年に、同じ著者が二番目の定義を含まなくなった新しい論文を発表した。この定義はノーバート・ウィーナーの元のサイバネティックスの定義にもっとも近いものだったが、リアプノフとソボレフは、規制手法、情報理論、およびコンピューター科学の違いが含まれていれば二番目の定義はなくなると考えた。リアプノフの見解では、すべての知的活動には、コンピューターを使用して実装できる統制アルゴリズムによって管理される規制プロセスが含まれる（Gerovitch, 2002, pp.246–247）。

アンドレイ・コルモゴロフは、ウィーナーとリアプノフの見解を単純すぎると非難した。コルモゴロフは彼自身の理論に従って、情報をサイバネティックスの重要な概念と見なし、それに基づいて他のサイバネティックス関連の問題を定義した。この点で、コルモゴロフの通信の定義は重要である。彼の見解では、通信とは「情報の受信、保存、および送信」を意味し、統制と規制という二つの形で現れる。統制では、受信した情報が統制信号に処理されるが、一方で規制では、受信した情報が規制信号に処理される。数学者でありリアプノフの学生であるセルゲイ・ヤブロンスキー（Sergey Yablonsky）は、サイバネティックスにさらに別の定義を与えた。彼の見解では、各統制システムは代数論理の助けを借りて定義することができる（Gerovitch, 2002, pp.247–248）。これらの考えは、ルフェーブルによって提案された方法（本研究の後半で説明）の基礎を提供している可能性があり、

この方法においては、意思決定は方程式を使って解を求めることができるモデルとなる。

　ソビエト連邦における結論は、そのサイバネティックスのモデルが現在、元の西側の概念とは大きく異なるということだった。ソビエトの科学者たちによると、これは問題ではなかったが、リアプノフとヤブロンスキーによって生み出された「統制システム」のような理論は、ウィーナーによって提示されたモデルにおける統制概念よりはるかに詳細であると考えられた。ウィーナーのモデルでは、統制の唯一の目的は、より高度な組織化を達成することだった。リアプノフによれば、送信された信号が他のシステムの動作を変更する場合、システムは別のシステムを統制する。ヤブロンスキーの見解では、統制システムは広い分野であり、実際に統制を実行するシステム、統制されるシステム、および従来の意味での統制に接続されていないシステム（チェスなど）も含まれる（Gerovitch, 2002, pp.249-250）。最終的な分析では、サイバネティックスは明確にモデル化されていなかったと言えるが、すべての定義には、単純なシステム、システム間の連接、情報交換をモデル化する必要性が含まれていた。

　1960 年代初頭までに、ソビエトのサイバネティックスはすでに科学、技術、経済学、さらには政治を解釈するために使用される普遍的な方法だった。これらの一つの兆候は、ウィーナー理論の基本概念を「統制」する方法がサイバネティックスの議論において翻訳される方法だった。1950 年代初頭、ソビエトのサイバネティックス批評家は、「kontrol」という用語を使用して、それを直接ロシア語に翻訳した。しかし、1958 年に、サイバネティックスの支持者たちは同じ言葉を「upravlenie」（管理 [management]）と翻訳した。「統制」はより限定的な概念であり、新しい翻訳は、サイバネティックスが行政上の意思決定に貢献できることを示すために導入された

（Gerovitch, 2002, pp.253-254;「upravlenie」という単語の翻訳も論文の序文において説明されている）。

　軍事的な観点から、ソビエト連邦におけるシステム理論とサイバネティックスの関連性は、1960年代に「軍事サイバネティックス派」が軍事システム（装備とそれらを操作する人間）をサイバネティックスのシステムと見なしたことで明らかになった。すでに1958年に、リアプノフはサイバネティックスの統制アルゴリズムが他のアルゴリズムと戦っていると指摘していた。意思決定に関する1972年の本で提示された定義によれば、すべての兵器プラットフォーム（戦車、航空機、および艦艇）とそのすべての要素がサイバネティックスのシステムを構成する。指揮官とその統制装置は統制システムを運用し、兵器基盤の武器と技術的構成物は彼らが統制するシステムであり、指揮官と彼の幕僚は部隊を統制するシステムを構成する。指揮官に従属する部隊または兵器基盤は、統制されるシステムである。サイバネティックスの軍事的応用を研究している研究者たちは、コンピューターとサイバネティックス的統制を自律型兵器システムだけではなく、軍事部隊の指揮にも使用するべきだと提案した（Gerovitch, 2002, p.265）。

　実際、ソビエト国防省の後援の下で運営されている最初の情報技術センターは、部隊の自動化された指揮を研究する最初の施設だった。コンピューターは直感ではなく、集合的な情報と特定の領域におけるより広範な作戦・戦術的見地に基づいて意思決定を行うため、サイバネティックス派は、コンピューターは個々の指揮官よりも客観的な決定を下すことができるとした。しかし、1960年代には、保守的な軍事指導者が改革派に軍隊を去るよう強制したため、これらの見解はまだサイバネティックス革命につながらなかった。同じような関連で、最初の情報技術センターは、意思決定の自動化ではなく、個々の軍事機能の自動化をサポートすることが期待される

通常の科学研究センターとなり（Gerovitch, 2002, pp.266–267）活動は継続されたものの、その規模は小さかった。

1991 年の『Voennaya Mysl』誌でベズグリイ（Bezuglii）とガブリレンコ（Gavrilenko）によって提案された意見は、ソビエトのサイバネティックス開発の集大成であり、ロシアにおけるサイバネティックス開発の出発点と見なすことができる。二人は、前の年に提示されたシステム理論とサイバネティックスのモデルを軍事システムに組み込むことについて議論している。ベズグリイとガブリレンコは、ソビエトのサイバネティックスとルートヴィヒ・フォン・ベルタランフィ（Ludwig von Bertalanffy）によって開発された一般システム理論は、「システム」の共通の定義を提供しておらず、その代わりに、いくつかの異なる定義が存在すると結論付けている。この著者たちはこれを課題と見なし、個別の軍事システム理論の代わりに、システム理論的処理の一般的な適用性を理解すべきであると提案した（Bezuglii & Gavrilenko, 1991）。

したがって、彼らは軍事システムについて次の定義、すなわち「軍事作戦環境での任務の実行または実行を支援する要素の集合体」を提案した。彼らの見解では、1991 年の湾岸戦争は、軍事作戦が国際政治の一部になりつつあり、軍事問題だけではなく政治レベルの問題に直接関係していることを示した。このため、システムのモデル化の焦点は戦闘システムだけではなく、全体的な政治情勢推移にも配慮することが重要である。実際、この著者たちは、軍隊は、実行可能な理論に基づいて完全に構築されたモデル化を基礎に開発されるべきであると主張している（Bezuglii & Gavrilenko, 1991）。この章の冒頭で説明したボグダノフとチェキノフの考えは、これらの考えの自然な継続である。

2.2 ロシア軍の指揮統制の原則

　軍事的統率力は常に、統率力に対する一般的な態度に影響される。これらの考えは、国とその軍隊の歴史、戦闘経験、および伝統から生じている。この節では、ロシアで適用される軍事指揮統制の原則について説明する。これらの原則は、本研究の後半では、指揮統制の全体的な概念をモデル化する目的で、前に説明したサイバネティックスと組み合わされる。

　2002 年と 2003 年に『Voennaya Mysl』誌に掲載された一連の論文は、軍事指揮官に何が期待されるかについての一般的な説明を提供する。この著者であるボロビョフ（Vorobyov）少将は、1957 年以来この雑誌に投稿しており、戦術に関するロシアの本も執筆している。論文の 2002 年版は、戦術を学ぶ将校のための基本的な教科書として使用されている (Thomas, 2016, p.12-13)。

　弁証法に従って、ボロビョフは、戦闘の性質とそれを導く客観的な法則を理解する指揮官は、何が起こっているのかを理解し、自分自身を正しく方向付け、また状況を判断できると述べている。このことは、全体としての意思決定と指揮プロセスの基礎を形成する。しかし、彼の見解では、すべての戦いが似ていると考えて、単一の戦いの道筋から結論を出すことは間違っている。実際、彼は軍事理論の目的は、各戦闘で繰り返される法則のような要素を特定し、それらを指示と提言事項の基礎として使用することであると示唆している。戦いの原則は、軍事指揮官に彼ら自身の行動に客観的および主観的な弁証法を組み合わせる機会を提供する。原則は受動的な性質のものであり、勝利を保証するものではないが、科学的な予測を構築し、決定の結果を予測するのに役立った（Vorobyov, 2002a, p.18-19）。

　ボロビョフによれば、指揮官が能力を持って行動し、いかなる発展をするかを予測でき、決意と粘り強さを示しながらも、正統でない方法を使用する場合、部隊の戦闘能力は2倍または3倍になる可能性がある。これを達成するために、指揮官は敵を倒し、その行動を阻止し、彼自身の意志に従って行動するように強制しなければならない（Vorobyov, 2002b, p.64）。同じ主題において、彼は戦場での進展を予測する能力が指揮官の能力の最大の現れであると指摘する。意思決定と計画は軍事指導者の中心にある。勝利は、軍隊の展開そのものよりもずっと前に計画されなければならない。これは、現実的な予測、敵の強さ、および我の戦闘能力を予見する能力に基づいている（Vorobyov, 2003, p.57）。

　ボロビョフによれば、今日の指揮官は、過去の指揮官よりもはるかに早く変化を見て、それらをより徹底的に分析しなければならない。彼の結論では、状況の予測は次の原則に基づいている。それは、客観的な状況評価、試験され科学的に検証された方法論、システム分析および矛盾する情報の注意深い分析である。すべての結論は、信頼できる指標、計算、および説得力のある論理に基づいているべきである（Vorobyov, 2003, p.58）。

　既存のモデルに対する強い信頼はボロビョフの著作に反映されており、彼の見解では、指揮官は常に計算と論理に依存できなくてはならない。指揮官と彼の幕僚はすべての予期せぬ展開を排除するために努力しなければならず、彼らの目的は戦いで優位に立つことでなければならない。これを達成するには、戦略と宣伝を使用して敵の行動を統制する必要がある。ボロビョフも、コンピューターがすべてを予測することはできないという見方である。しかし、最良の自動化された方法を使用すると、計画と偶然の一致の間で1：6または1：7の比率を達成可能である〔訳注：ボロビョフの経験によると、ある戦いで偶然に勝利する確率と比べて、コンピューターによる最良の

予測を活用した戦いで勝利する確率は 6 倍から 7 倍高いということ〕（Vorobyov, 2003, pp.59-60）。

　ボロビョフは、時間の圧力の概念についても説明している。彼の見解では、利用可能な時間を見積もることは意思決定プロセスの重要な部分であり、力強い方法で部隊を指揮し、迅速な決定を行い、任務を下位の将校に委任できることが非常に重要である。迅速な決定は、正しい評価を行う能力に比べれば重要ではない。ボロビョフはまた、双方が時間を得るために戦うことから、指揮官は敵を混乱させ、敵をだまし、敵の無秩序と戦闘準備の不備を活用することにより、敵が勝利することを防ぐべきであると述べている。時間を稼ぐためには、敵よりも速く、より力強い方法で行動することが重要である（Vorobyov, 2003, p.60）。

　権威主義と全体主義のシステムにおいては、統制、または少なくとも統制されているという感覚が不可欠であり、ロシアの政治的伝統にもそれが言及されている。ボロビョフはまた、統制の役割を強調し、戦闘任務の実行プロセスを管理する能力が指揮統制プロセスの鍵であると指摘している。統制には三つの段階が含まれ、それは組織化、計画、および下位レベルの将校が任務を遂行する際の指揮官の直接の存在である。ボロビョフによれば、このような統制機構は、関係するすべての関係者が統一された計画に従って職務を確実に実行するのに役立つ（Vorobyov, 2003, p.63）。

　ボロビョフは、統制は均一でなければならず、目的がなければならないと指摘する。統制は、任務の不完全なまたは誤ったタイミングでの実行を防ぐために行わなければならない。指揮官が手遅れになる前に問題に対応できるように、それは迅速かつ効果的でなければならない。統制機構は、組織内および戦闘中に特定された誤りを排除することにより、下位レベルの

将校が率いる戦闘作戦を支援すべきである。しかし、同時に、下位レベルの将校が主導権を示す準備ができなくなるため、細部にわたる統制は避けるべきである。統制権を行使することは、副指揮官、幕僚、職種担当の将校や他の指揮官の任務でもあるため、指揮官だけの責任ではない。統制はさまざまな方法で実行できるが、最高の方法は、下位レベルの将校が配置されている場所に指揮官がいることを保証することである（Vorobyov, 2003, p.64）。

　本研究で議論されている指揮統制に関連するその他の戦いの原則は、2008 年と 2011 年にボロビョフとキセリョフ（Kiselyov）によって書かれた論文に基づいている。この論文は、戦いの原則の発展について論じている。

　ボロビョフとキセリョフは、彼らの論文で、戦いの原則の変化について広範囲に論じているが、戦いの原則としての戦闘中の部隊の指揮統制が強調されていることが本研究と関連している。二人によると、今日の作戦状況の複雑さ、矛盾、および独自の性質は、他の戦いの原則を使用することさえできなくすることもあるので、創造的な考え方を軍事指揮官に適用することを強制している。同時に、ボロビョフとキセリョフは、戦闘が進むにつれて、厳格な指揮原則を適用することがますます困難になるため、最近の戦争では指揮統制に向けた戦闘活動が強調されたと見ている（Vorobyov & Kiselyov, 2008, p.87）。

　ソビエトの考え方とは対照的に、ボロビョフとキセリョフは軍事作戦での犠牲者と物質的損失を最小限に抑える必要性を強調している。彼らは、現在の立場では、ロシアはソビエト連邦と同じように軍隊を使用することができず、代わりに焦点を恒常的な即応態勢、資材の分散、およびロシアのあらゆる場所への軍隊の柔軟な展開に当てるべきであると示唆している

（Vorobyov & Kiselyov, 2008, p.89）。実際、過去 10 年間にわたり軍の能力を高めるにつれて、ロシアはこの原則を守ってきた。

ボロビョフとキセリョフは、戦略的作戦に対する情報心理的支援を戦いの別の原則として強調している。彼らの見解では、それは支援作戦の新しく非常に効果的な構成要素である。そのような支援で使用される手段には、敵に自分の意思を強要すること、敵を欺くために軍事政策および外交手段を使用すること、敵の高セキュリティ目標に関する情報を収集すること、および指揮システムのために自分の部隊に関する情報を収集することが含まれる。これらの支援策には、敵によって広められた情報から自分の部隊を防護し、敵部隊に偽情報を広めることも含まれる（Vorobyov & Kiselyov, 2008, p.89）。

ボロビョフとキセリョフは、ネットワーク中心戦に関する論文（2011）においてもこのテーマを続けており、敵に反射統制を行使するために部隊の統制から戦闘の統制へと徐々に移行していると記している。同時に、戦いの原則は変化しているため、新しい原則として部隊とシステムの統合統制を考慮しなければならない。そのような状況では、指揮官は戦闘行動に影響を与える要素間のすべての連接を考慮に入れ、それらの影響を予測できなければならない（Vorobyov & Kiselyov, 2011, pp.74–75）。

上記の軍事指揮官と戦いの原則に対する期待は、ソビエトの単一の統率力と指揮官の役割についての強調が、確かに論理的で数学的な理由付けの連鎖と因果関係の連鎖を特定する能力と相まって、依然として軍事的統率力がロシアでどう見られているかについて強い影響力を持っていることを示している。

しかしながら、軍事指揮官が部隊を展開し、彼らに支援を提供すること

を期待される方法がソビエト時代から変わったことに注意すべきである。
それは、その目的が、犠牲者と物質的損失の両方を最小化することである。
この原則は、情報心理作戦に重点が置かれていることによって裏付けされ
ている。すなわち、情報心理作戦は、軍事指揮官が部隊に犠牲を出さずに
目標を達成するのに役立つ。どのような軍事的成功を達成するためにも、
常続的に柔軟な方法でそれらを適用することが前提条件であることが認識
されているので、現在、指揮統制がより重要視されている。これに関連し
て、キセリョフは後の論文で、軍事指揮官のすべての個人情報を秘密にし
てソーシャルメディアで簡単に標的にできないようにすることを保証する
ためのツールを設置すべきであることも指摘した（Kiselyov, 2017, p.7）。

　彼らの西側の対応者と同様に、ロシアの軍事指揮官は常続的な時間の圧
力にさらされており、時間の決定的な重要性と敵よりも迅速に意思決定を
行う必要性が強調されている。しかし、西側の任務形式の戦術とは異なり、
軍の指揮官は部下に注意を払い、計画からの逸脱を早期に特定して正しい
行動を確実に行えるようにすることが求められる。それにもかかわらず、過
度の統制により部下が受動的になり、行動のペースが遅くなるといった有
害な効果があることはソビエト連邦においてすでに指摘されていた（たとえ
ば、Ivanov, Savelev & Shemansky, 1977, p.123, Vorobyov, 2003, p.63）。

2.3 ロシアの指揮統制システム

　ロシアで開発された軍事指揮統制システムは、サイバネティックスのモ
デル化とシステム理論から生じる考えを指揮統制の原則と組み合わせるこ
とで評価できる。システム理論はすでにソビエト連邦で広く研究されてお
り、1990年代の指導者と行政構造の変化に起因する問題にもかかわらず、
研究は総合的な基礎の下に続けられてきた。以下は、ロシアとベラルーシ

のシステム内のシステム分析と意思決定について広範囲に執筆している
F・G・コロモエツ（F. G. Kolomoyets）によって使われているシステム区分の
説明である。ここでの焦点は、コロモエツによって分析された反射システ
ムの原理にある。続いて、指揮統制のシステム全体とそのサブシステムに
ついて説明する。

　コロモエツは、『Voennaya Mysl』誌の論文で、システムを単純なシステ
ム、複雑なシステム、および大きなシステムに分けている。彼の見解では、
軍事組織は現存するもっとも複雑なシステムの一つである。コロモエツは、
システム理論が、それぞれが非常に複雑なシステムの五つの経験的に認識
された動作原理を特定したと付け加えている（Kolomoyets, 2007, pp.222–223）。
反射の動作原理は、これらの五つの原理の中でもっとも複雑である。コロ
モエツは、システムは、反射の動作原理に従って、それと相互作用する別
の複雑なシステムの意思決定を考慮に入れることにより、意思決定を行い、
その活動を組織化できると説明している。この場合、反射は敵対者の分析
的意思決定プロセスの反射として理解される。最初のシステムの意思決定
者は、他のシステムでの意思決定の基本に意図的に影響を与える可能性が
あり、このようにして、そのシステムの意思決定者に独自の利点に基づい
た意思決定を促す（ibid., p.225）。

　コロモエツは、反射原理に従って組織されたシステムは、反射システム
と呼ぶことができると指摘している。彼の見解では、戦闘システムは、敵
の戦闘システムに対して武力戦闘で独自の戦闘任務を実行することによっ
て目標を達成する反射システムの古典的な例である（ibid., p.225）。

　このように、ロシアではシステム理論の議論に反射性が導入されており、
コロモエツの原則に従って意思決定システムを検討する際の基礎として使

用できる。それらは、反射原理に従って意図的に構築されているのであろうか。

2017年に『Voennaya Mysl』誌に発表されたヴィゴフスキー（Vygovsky）とダヴィドフ（Davidov）による論文は、ロシアの軍事意思決定システムとそのサブシステムの一般的な説明と考えられる。ヴィゴフスキーとダヴィドフは、意思決定システムと支援システムの自動化について議論している。

図1　軍事指揮統制の構造（Vygovsky & Davidov, 2017）

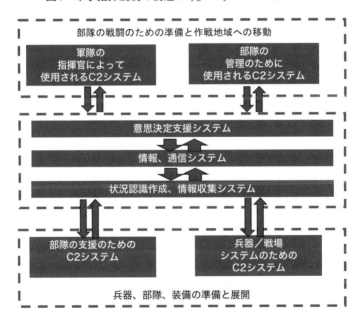

本研究の文脈においては、二つの主要なサブシステム（指揮統制［C2］システムと意思決定支援システム）の機能を調べる必要がある。これらのシステムは、人間の意思決定者と、影響を受けたときに反射統制の有効性に直接貢献できるシステムで構成されている。

指揮システムとその要素の基本的な機能を示す図を以下に示す。

図2　指揮システムの拡張版 (Ivanov, Savelev & Shemansky, 1977)

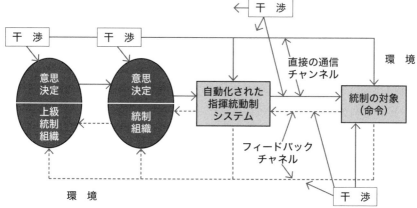

　イワノフ（Ivanov）、サベレフ（Savelev）とシェマンスキーによると、統制組織の主な任務は、統制対象の状態と機能に関する情報を取得することである。原則として、そのような情報なしでは統制は不可能であり、情報の欠如は最終的に客観的現実との不一致とシステムの破壊につながる(Ivanov, Savelev & Shemansky, 1977, p.12)。

　この著者たちは、指揮プロセスが唯物論的弁証法とサイバネティックスの観点から分析された場合、次のことが言える（作戦環境と実装方法に関係なく）と述べている。

　——統制組織、統制対象、および両者間の直接の通信とフィードバックを含む指揮システムが絶対に必要である。
　——構成要素の間には因果関係がある。

——指揮システムの機能はゴール指向であり、統制変数の存在が必要である。

——システムは動的な性質のものであり、変換が可能である。同時に、内部構造や特性に影響を与えることなく、多数の外部入力を吸収することもできる（Ivanov et al., 1977, p.16）。

　指揮システムは、上記の研究によって作成された定義を使用して、コロモエツが彼の論文で提案した区分に基づいて評価が可能となる。この区分によれば、このように機能するシステムは、複雑な反射システムとして分類でき、それは、敵が自分の行動で行った決定を考慮に入れ、より高度な反射を達成しようとすることを意味する。

　ドブゼンコ（Dovzhenko）とザフゴロドニ（Zavgorodni）は、彼らの論文「部隊の統制における意思決定支援」において意思決定支援システムの構造について議論している。この著者たちによると、すべての証拠は、人間の脳には限られた処理能力しかないことを示しており、このため、意思決定者のための特殊なシステムを開発することが必要になっている。ドブゼンコとザフゴロドニは、これらのシステムはさまざまな異なる技術的解決策を通じて作成され、既存の実用的な情報を情報技術解決策と組み合わせ、情報を収集、共有、および処理するための新しいプロセスを作成するために使用できることを示唆している（Dovzhenko & Zavgorodni, 2014, p.109）。

　ドブゼンコとザフゴロドニによると、データベースに入力できる意思決定モデルを作成する能力は、意思決定支援システムの主要な機能でなければならない。システムは、広範なモデルのデータベースの構築、および既存のモデルに基づいた新しいモデルの簡単で単純な作成の基礎を提供しなければならない（Dovzhenko & Zavgorodni, 2014, p.112）。

　ロシアの軍事管理の研究部門で働き、研究の問題に関する議論に積極的に貢献しているティカニセフ（Tikhanitsev）は、自動化された管理のための意思決定支援システムの開発について書いている。彼は、システム理論の文脈では、作戦（戦闘）を開始することを決定した個人は、兵器システムと部隊が（設定された制限内で）指揮官によって設定された目標を達成する戦略を構築するために、統制変数を単に調整するだけであると記述する。このようなシステム段階の問題に対する解決策が一つしかない場合は、計算によって直接決定できる（Tikhanitsev, 2012, p.75-76）。

　しかし、ティカニセフは戦闘部隊にはそのような状況はめったにないと認めている。十分な部隊や兵器がない場合、前提条件を設定しても目標が達成されることはほとんどない。そのような場合、解決策を達成するために、目的関数（目標ゴール）の新しい値を計算または推定するか、いくつかの制約を調整しなければならない。この場合、合理的な解を得ることはできるが、方程式を解くには多数の変化する変数が含まれ、計算を生成するのは困難である。意思決定者は自動化された支援によって提供される機能を使用しない限り、解決策に到達することは不可能であると証明されるかもしれない（Tikhanitsev, 2012, p.76）。

　ティカニセフによれば、このような困難な計算問題が発生した場合、多くの国で一般的に行われているのは、意思決定支援システムまたは専門的システムを使用することである。この意思決定者個人に大きな責任を負わせている軍事および軍事政策事項に関する決定は、主に意思決定支援システムに基づいて行われる。ティカニセフは、ロシアには標準化された意思決定支援システムがないことを指摘し、そのようなシステムが必要であることを示唆している (Tikhanitsev, 2012, p.77)。実際、ティカニセフの論文の発

表後、進展が見られた。たとえば、新しい国防指揮センターはコンピューター支援の意思決定支援システムに大きく依存している。

電子戦のための知的な意思決定支援システムに関するドンスコフ (Donskov)、ニキチン（Nikitin）、およびバセディン（Besedin）による論文は、反射統制に関連している。彼らの見解では、現在使用されている意思決定支援システムは、意思決定者が積極的な対策を講じなくても支援する専門家システムとして典型的に構築されている。この著者たちの見解では、ここでの危険性は、敵がその自動システムを敵の信号で操作できるということである。彼らは、システムがより広範囲に自動化されるにつれ、反射を基礎として統制する試みが行われる可能性がますます高くなると指摘している。この著者たちによると、意思決定支援システム自体が敵に対して反射統制を発揮し、敵による統制の試みから自分のシステムを防護するかもしれない（Donskov et al., 2015, pp.136–137）。

上記の論文は、ロシアでは意思決定支援システムに大きな関心があり、集中的な開発作業が進行中であることを示唆している。一般的に、意思決定支援システムは、作戦環境、敵、および我の部隊に関する事項について情報を収集し、この情報を分析および意見具申の基礎として使用する複雑なシステム系〔訳注：相互に関連する複数の要因が合わさって全体として何らかの性質を見せる系であって、しかしその全体としての挙動は個々の要因や部分からは明らかでないようなものをいう〕として特徴付けることができる。

2.4 ロシア軍の意思決定

自動化された指揮システムと意思決定支援システムにもかかわらず、人間は依然としてすべての意思決定の背後に残る。イワノフ、サバレフ、シェ

マンスキーの論文は、人間の意思決定に関するソビエトの見解を示している。彼らが主題を提起した後、1990年代と2000年代の初めにロシアの軍事誌で議論される一方で、この結論は米国の研究者であるレスター・W・グラウとチャールズ・バートルズ（Charles Bartles）の2016年に発表された彼らの著書『ロシアの戦争の方法』（*The Russian Way of War*）において分析された。

　この著者たちは、戦闘のために指揮官によって準備された決定の観点から意思決定に取り組む。彼らの見解では、指揮官の決定は以下に基づく必要がある。すなわち、彼の心理的能力、知識のレベル、その状況に関する経験と知識、意思決定と戦闘準備に利用できる時間、指揮官が利用できる部隊および上級指揮官によって発出される命令の種類である（Ivanov et al., 1977, p.171）。

　イワノフ、サベレフとシェマンスキーによると、条件が困難な場合、意思決定方法論の目的は、指揮官が正確なタイミングで適切に調整された作戦の基本構造の定義と、より低いレベルの指揮とそれらの間の調整のモデルのための任務を作成するのに役立つ。この目的のために、この方法論は、作戦環境と意思決定プロセス自体から生じる多くの要件を満たす必要がある（Ivanov et al., 1977, p.185）。

　彼らは、指揮官の意思決定の方法論と彼の決定の内容は常に次の基本となる価値、すなわち、より高いレベルの司令部によって発出された命令と戦闘への準備方法に関するその指示、状況の変化（特に、意思決定に利用できる時間）と、指揮官と彼の部下の個人的な性格に依存することを追加する（ibid., p.186）。

　彼らはまた、個人の決定の背後にある理由付けを分析して説明すること
は、特に困難な状況にある指揮官について話しているときに、非常に問題が
あることを強調する。指揮官の一連の思考は、多くの場合、三つの別個の
連続する段階に分けられる。すなわち、最初に任務を分析し、次に任務を
評価し、最後に必要な決定を行う。この著者たちの意見では、それは現実、
認知科学の高度な方法あるいは理論に従っていないため、この見方を共有
しない。三つの要因の別個の連続した性質に疑問を投げかけることができ
る。実際、それは現実よりも知覚の問題である（ibid., p.187）。それ以来、同
じ問題が人間の意思決定に関する西側の研究でも取り上げられてきた。例
には、クライン（Klein）による認識優先モデルが含まれ、このモデルでは、
経験豊富な意思決定者は通常、過去の同様の状況に基づいて、さまざまな
選択肢を分析せずに非常に迅速に意思決定を行う（Klein, 2008, pp.457–458）。

　本研究の文脈では、指揮官が彼の決定をどのように行うかというロシア
の概念を理解することが重要である。イワノフ、サバレフとシェマンスキー
は、弁証法的唯物論に基づく見解を支持し、その見解では、人間の認知は
客観的な現実を反映している。つまり、「魂」は存在しない。これは、意
思決定プロセスが、どのような他の意図的な活動とも同様に、実際の状況
の感覚的観察から始まり、その後、抽象的な思考に、また最終的には行動
に変化しなければならないことを意味する。この著者たちは、これを客観
的な世界を認識するプロセスとして、現実を観察する弁証法的な方法と考
えている。この認知モデルに従って行動しないと、特にこれらの誤りが上
級レベルの指揮官によって行われ、意思決定者によって行われた誤りがそ
れらに追加された場合、重大な誤りにつながるであろう（Ivanov et al, 1977,
pp.198–199）。

　結果として、この著者たちは、指揮官の任務の指定と状況の評価は別々

68

の段階ではなく、統一された創造的な意思決定プロセスであると述べている。状況の評価は、任務の指定後に開始されないが、選択肢のすべての利点と欠点が完全に理解されるように、継続して深められる。適切な選択肢の探索は、意思決定プロセスの最初に開始される必要があり、プロセスの途中で、経験豊富な指揮官はどの選択肢が実現可能かを判断できる。指揮官は、意思決定プロセスの最後に残りの選択肢（2〜3）を比較検討し、推定される最終結果（自分と敵の損害、重要な資源の消耗、時間の割り当てなど）を評価し、最適な選択肢を選択する。この段階では、指揮官の心と意志の両方が重要である。最悪の選択は、決定しないことを決定する（何もしない）ことである。最高の選択肢を選択した後、指揮官はそれを命令に換えて、彼の決定をより低いレベルの司令部に知らせる。これで意思決定プロセスが完了する（Ivanov et al., 1977, pp.200–201）。

　しかし、この著者たちは、このプロセスから得られる決定は（他の決定と同様）相対的に重要であるに過ぎないと記述する。彼らの見解では、上に提示された意思決定方法の中でもっとも重要なのは、弁証法的唯物論に従った現実の認識である。決定が下されるとき、分析、合成、抽象化、一般化、帰納、演繹、類推、および比較といった論理的思考の理論的方法をすべて一緒に、または組み合わせて使用することも重要である（Ivanov et al., 1977, pp.202-204）。

　ソビエト連邦の崩壊後、西側の見方から検討したときにはむしろ不毛に見えるこれらの指揮理論について、ロシアではわずかに批判的な見方が取られた。『Voennaya Mysl』誌のボロストノフ（Volostnov）とゴロド（Golod）による論文はその一例であり、すでに上で議論されている主題である、部隊の管理の問題にも触れている。

ボロストノフとゴロドは、指揮統制の核心となる考えを探すために以前の概念をまとめた。彼らの見解では、〔訳注：第一に〕指揮は、指揮官と彼の幕僚によって実践される意図的、創造的、組織的、および技術的なプロセスである。それは指揮下の部隊に影響を与える。指揮統制の最終的な目標は、戦闘任務のために部隊を編成し、割り当てられた時間内に最小限の損失で効果的に戦闘任務を実行できるように保証することである。第二に、サイバネティックスの観点から検討すると、すべての命令は閉じたサイバネティックスのシステムで発生し、互いに接触している物体が適切な方法で情報を送信する。第三に、指揮プロセスは軍事システムの一部である。これに関連して、「統制」の内容を定義する原則は、複雑な軍事システムの機能を定義するものである（Volostnov & Golod, 1992）。

2001年の『Voennaya Mysl』誌の論文で、リヤブチュク（Ryabchuk）少将は2000年代に部隊を指揮するための原則を概説し、これを行う際に、彼は反射統制の理論にも触れている。軍事科学の博士号も取得しているリヤブチュクは、ソビエトの伝統では、統制とは、指揮官と彼の幕僚が部隊を戦闘即応に維持し、戦闘に備えるために実施する平時の活動と見なされていたことであったと記述することで文を書き始めている。彼は自分の行動を通じて敵の活動を統制するという考えが含まれていないと述べて、この取り組みを批判している。彼の見解では、偉大な軍事指導者たちは常に自分たちの軍事戦略の一環として敵に統制を及ぼすために尽力してきた。軍事理論では、そのような行動は欺瞞や偽装といった戦場支援策の一部と見なされており、戦闘の重要な要素とは見なされていない（Ryabchuk, 2001, pp.13–14）。

リヤブチュクによれば、敵は単に偵察と影響工作の標的と見なされるべきではない。彼の見解では、敵も欺瞞や偽装に加えて、重要な目標を特定し

て破壊し、指揮統制活動を妨害し、また敵も勝利を達成しようとしていることは明らかである。指揮官はこれに備えなければならない。リヤブチュクはソビエト連邦の元帥であるトゥハチェフスキー（Tukhachevsky）を引用しており、その見方では、計画に従って戦闘作戦を進めた集団だけが部隊を統制している。したがって、戦闘を適切に統制することは、自分の部隊を統制できることだけではなく、ある意味では、敵を統制することも含むべきである（ibid., p.14）。

リヤブチュクは、これまでこの手法を批判することは可能であったことを認めているが、21世紀の情報技術と偵察手段の進歩も、敵を統制するための途方もない機会を開いたことも認めている。リヤブチュクによれば、今日の部隊統制に関する問題は、二つの複雑で動的で相互に敵対的な戦闘システム間の相互作用で指揮統制を編成する必要性から生じている。階層構造（部隊）と水平構造（戦闘職種）の両方で構成されるこれらの戦闘システムは、目標、同じ情報、また何よりも知的能力と指揮官のゴール指向を達成するために、同じ目標、部隊、および手段を共有している。リヤブチュクによれば、知的能力は重要な武器であり、十分に武装し、十分に装備され、十分に訓練された敵に勝利するために決定的である（Ryabchuk, 2001, pp.14–15）。本研究の後半で著作が示されるマクニンは、同様の結論に達している。

リヤブチュクは彼の論文の締めくくりで、今日の軍事指揮官は、意思決定を行う際に最良の選択肢を選ぶのに役立つより多くのシステムにアクセスできると述べている。それにもかかわらず、彼の見解では、戦場での成功は、高い知的能力、高い倫理基準、および心理的・専門的能力からなる軍事指揮官の個人的な性格によって保証されている。十分な量が利用できる場合、これらの特性は、指揮統制への効果的なアプローチの基礎を提供

する（Ryabchuk, 2001, p.17）。

　上記の議論を要約すると、ロシアでは意思決定における人間の役割が認識されている（ソビエト連邦ではすでに認識されていたのと同じように）。しかし、このことはこれまでは、教範で強調されていた要素ではなかった。軍事指揮官の個人的な経験と意思決定におけるその使用がソビエト連邦で出版された本や論文で強調されていたとしても、これは実際的な提案を伴っていなかった。弁証法的唯物論の指導原則としての普遍的な客観性と、客観的現実だけに基づいて状況を評価することは、これに寄与する要素であった可能性が高い。ソビエト連邦の崩壊後に書かれた論文においては、人間について話すときに個人も理想的で高尚な概念を使用しているにもかかわらず、個人間の思考と社会的関係がより強調されてきた。人間の弱点や戦闘から生じるストレスについては触れられていない。指揮は、一連のプロセス、または最新の情報システムと並行して実行されるプロセスと見なされる。リヤブチュクが彼の論文で強調した知的能力と敵に自分の意志を強制することは、ソビエトの思考の継続と見なされるべきである。しかし、彼はまた、情報技術の使用についてと、優れた資源を持つ敵との戦闘に従事することについても論じている。

　一般的に言って、指揮官は依然としてロシアの意思決定において重要な役割を果たしている。二人の米国の研究者であるレスター・グラウとチャールズ・バートルズは同じ結論を出している。彼らは、西側の軍事組織で学んだ指揮官は、単に「赤い帽子」を着け、ロシアの軍事指揮官と幕僚が働く方法を理解することは期待できないと指摘する。意思決定におけるロシアの軍の指揮官と幕僚の役割は、西側の慣行とは実質的に異なり、指揮官と彼らの個人的な性格に反射統制を集中させることは部分的にこの役割に基づいている。グラウとバートルズが指摘したように、西側では、弱い指揮官

でも有能な幕僚がいれば何とかやり遂げることができる。しかし、これはロシアのシステムには当てはまらないであろう（Grau & Bartles, 2016, pp.51-54）。

2.5 指揮統制の反射モデル

　上記の理論に基づいて、指揮統制に対するロシアの手法のシステム理論的でサイバネティックスに基づくモデルが本研究のために準備された。それは、1）紛争と紛争の性質、および軍事統率力に影響される人間の意思決定者（指揮官と彼の幕僚）、2）意思決定において指揮官・幕僚を支援する意思決定支援システム、3）情報伝達およびフィードバックチャネルを備えた指揮統制システム、4）指揮官の隷下のシステムと敵の対応するシステムから構成される。このシステムは、作戦環境およびその上下にある対応するサイバネティックスのシステムと相互作用して機能する。システムの全体的な目的は、さまざまなレベルで対応する敵のシステムに影響を与えることであり、敵のシステムの機能も考慮に入れる。外部の作戦環境や敵の行動から生じる混乱も、このモデルで使用されるシステムに影響を与える。

図3　本研究で準備された軍事指揮統制システムの反射モデル

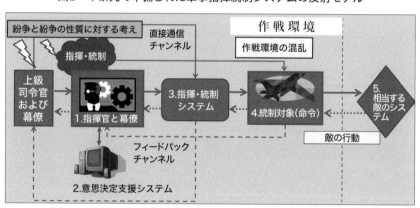

　ロシアの指揮統制理論を理解するには、このシステムを可能な限り総合的に自動化しようする取り組みを理解する必要がある。グラウとバートルズが指摘したように、ロシアの主な目標は、状況が急速に変化し、柔軟性が必要とされる機動戦の必要性に従って意思決定を最適化することだった。勝利を達成するためには、システムは状況を十分に理解している指揮官によって時間どおりに発令された明確な命令に基づいている必要があるため、指揮官は複雑な計画立案プロセスを使用できず、徹底的な幕僚業務に依存できない。さらに、命令により、部隊がすでに訓練を受けており、戦闘で適用されている作戦モデルを使用するための指示を提供する必要がある。同様に、ロシアの見解によれば、指揮統制の総合的な自動化は、指揮官が敵よりも迅速に意思決定を行うのに役立つ（OODA ループの迅速な完了）。グラウとバートルズによると、ロシアの指揮官中心の意思決定は、計画立案プロセスの間により大きな人間の関与が必要な NATO や米国が使用するプロセスよりもそのような自動化に適している。上記の目標に基づいて、彼らはロシアの意思決定においては、目的はすでに行われた訓練に基づいた計画を、最適な方法で戦闘任務が実行されるという条件の下に準備することであり、任務を完全に実行するように適合化された計画を作成することではない（Grau & Bartles, 2016, pp.57-58）。

　本研究の文脈においては、迅速な指揮官中心の意思決定のために設計された、この高度に自動化された指揮システムにおける影響工作のための潜在的な標的を特定することが重要である。以上のことから、指揮官は第一の標的であり、幕僚は二次標的である可能性が高いと結論付けることができる。これは、それらに影響を与えるとシステム全体に影響を与えるためである（より高いレベルの指揮官に影響を与えるのと同じ方法で）。指揮官と彼の幕僚への影響は、彼らの考え（指揮統制、および背景要因としての紛争についての考え）、彼らが準備した計画（目的は計画の基本に影響を与えること）、または

意思決定支援システム（自分自身の側に有利な解決策が意思決定プロセスに組み込まれる）を通じて発揮される。個人（特に指揮官）に直接影響を与えるように取り組むこともできる。指揮システムに影響を与えるようにすることもできるが、これによる結果は限定的である。敵に影響を与える究極の方法は、作戦環境をさらに混乱させることである。これらの選択肢はすべて、反射統制の二重モデルで説明されている。

2.6 反射統制の理論

　反射統制の元の理論の背後にいる人物であるウラジミール・ルフェーブルの考えが上記の反射システムに適用されると、システムレベルでは、反射統制は、他のシステムのプロセスが持つよりもより高い段階の反射に到達しようとする二つの反対の（軍事、政治、または経済の）プロセスであると記述できる。このプロセスでは、反射のレベルが低いシステムは反応する立場にあり、敵の行動の背後にある真の意図を判断できない。軍事システムでは指揮システムと戦闘システムの間の対立を、政治レベルでは二つの対立する連合政党間の競争を、また経済レベルでは同じ市場で活動する二人の競争者間の争いを伴う可能性がある。

　しかし、使用される方法の観点からは、この定義は十分に正確ではなく、実際の行動に関する回答を提供しない。このため、本書では、反射統制の理論と実践が過去50年間にどのように進化し得たかを検証し、これは、反射統制の前提と開発の背景を掘り下げることによって行われる。筆者は、ティモシー・トーマスが2002年の論文「反射プロセスと統制」で使用した四つの特徴的な段階への反射統制の発展の区分に依拠している。トーマスは、そのプロセスを研究段階（1960年代初頭から1970年代後半まで）、実用的な方向付け段階（1970年代後半から1991年のソビエト連邦の崩壊まで）、心理教育段

階（1990年代）、心理社会段階（1990年代後半から）に区分している（Thomas,
2002, p.61）。2010年代の発展は個別に説明され、それは、近年では、以前
の著作にはなかった考えやモデルが考慮されているためである。

　筆者は、ルフェーブル、レプスキー（Lepsky）およびノビコフ（すべて民間
人研究者）ならびにドルジニン、イオノフ（Ionov）、コントロフ、レオネンコ
（Leonenko）、チャウソフおよびマクニン（すべて軍人研究者）のような反射統
制理論の発展に貢献した個人の役割について説明する（Chotikul, 1986, p.80;
Thomas, 2004, pp.239–240; Thomas, 2011, p.121; Thomas, 2015; Thomas, 2017参照）。
手法としては、主に彼らの著作と元々の考えに基づいており、主題に関し
てこれらの考えや著作が後の論文での使用されることを選択基準とした。

2.6.1 反射統制理論の哲学的および政治的背景

　反射統制について総合的に検討する場合、この開発作業が始まった社会
的状況と、その概念がどのように機能することが期待されたかを考慮する
必要がある。理論を発展させた（また後に米国に渡った）ウラジミール・ル
フェーブルは、彼の著書『良心の代数』で、西洋とソビエト社会の違いは
一般的に想像されたよりもはるかに深かったと述べている。このコメント
は、反射統制の背後にある社会的前提を検証するための基礎として筆者に
よって使用されている。ルフェーブルによれば、これらの違いは、善と悪
に関する背景の前提にすでに現れている（Lefebvre, 1984a, pp.6–8）。チョティ
クルによると、ルフェーブルは倫理と道徳の領域における二つのシステム
の違いに言及している（Chotikul, 1986, p.23; Lefebvre, 1984a, p.87）。

　ルフェーブルによれば、絶対的な善の宣言はソビエトのイデオロギーの
中核だった。善良な人間は正直で、道徳的に純粋で、謙虚で、単純な要望を

持っている。悪の存在は否定されず、実際、それが善の勝利を確保するために必要な場合に使用できる（つまり結末が手段を正当化した）。敵のイメージを維持することは、ソビエト体制における道徳的な善を強調するために使用された手段の一つであり、ソビエトの宣伝の性格と範囲は、この一つの現れだった（Lefebvre, 1984a, pp.83–91）。同じ操作モデルが、ロシアの国民を対象とした現在の情報操作の背後にもあるようである（Hakala, 2018; Gessen, 2018 参照）。

　ソビエト体制では、長期的な計画と予測を必要とする統制に重点が置かれた。経済では、これは五カ年計画で明らかになり、ソビエト軍では、部隊の統制に関するサイバネティックスの理論と、指揮統制の全体のシステムが自動化されるという予測となった。弁証法的唯物論の背景の前提はまた、通常のソビエト国民に関する問題への全体的かつ体系的な手法につながった。すべての現象は弁証法的唯物論を通して解釈され、この手法に従って、すべての現実世界の現象は互いに影響し合うものとして見なされた。この相互作用は、人間の良心に反映されていると見なされた実際の客観的な世界をもたらすと考えられていた（Chotikul, 1986, pp.29–30）。

　チョティクルは、ソビエト連邦はまだ基本的に 1980 年代の農民社会であり、人々は困難に耐える能力があり、権威に服従する意思があったと示唆している。その結果、ソビエト国民は自国の事情についてほとんど発言権がないことをよく知っていた。チョティクルは、これらの価値が「人生のすべての質問に答えを与え、理論と実践的な理由を結び付け、社会的考えに哲学的基礎を与えるであろう完全な見通し」のためのロシアの探索の一部であることを示唆している。チョティクルによれば、この所要は、ソビエトのシステムがシステム理論とサイバネティックスを西側諸国よりも総合的な規模で採用する契機となった要因の一つだった（Chotikul, 1986, p.40）。

ジェロビッチは自身の研究で、サイバネティックスの概念が弁証法的唯物論に組み込まれ、サイバネティックスの総合的な性質を哲学的世界観と確実に組み合わせることができると述べている（Gerovitch, 2002, pp.257–260）。

　チョティクル自身の研究では、弁証法的唯物論の哲学がソビエトの統制システムの機能も説明していると示唆している。弁証法的唯物論によれば、人間の意識は地域社会における社会的存在の反映である。それは社会的（私的ではない）意識である（Spirkin, 1983, Chapter 3）。このような背景に対して、個人を統制する最善の方法は、彼らが環境について行った観察に影響を与えることである。意思決定が行われる文化的文脈に固い信念を組み込むことができるほど、社会的統制は大きくなる。このようにして、反射統制を適用して、敵と自国の国民の両方の意見に影響を与えることができる。チョティクルによれば、反射統制はマルクス・レーニン主義哲学における反射の概念の拡張を表す（Chotikul, 1986, p.45）。この例としては、1980年代の状況がそうであり、そこでは、意思決定が行われる文化的文脈がソビエト体制によって首尾よく形成されていた。その結果、今ではほとんどの国民の「認知地図」は、指導者たちが彼らにさせたかった意思決定だけを含むようになった（ibid., p.47）。現代ロシアでソビエト連邦に感じられた郷愁は、これらの取り組みが少なくとも部分的に成功したことを示している（Gessen, 2018, pp.176–182）。

　明確なイデオロギーの二面性は、ソビエト国民に課された制限と禁止を合理化するのに役立った。本研究の後半で示される発展を検討するとき、敵のイメージを維持し、ロシアに対立する暗くて邪悪な力があるという信念は、ロシアの民間伝承とシステム自体に深く根付いていることを覚えておく必要がある。ソビエトのシステムに組み込まれた認知的不一致を活用することによって、ソビエトの指導者たちは、国民が彼らの指導者たちに一

78

体感を持つと同時に、共産主義に対する憎悪を西側の帝国主義に対して投射することができた（Chotikul, 1986, p.58）。この同じ対立と投射は、ロシアにおいても敵のイメージを維持するために使用されている（たとえば、Gessen, 2018, pp.464-468）。

　チョティクルによれば、認知的不一致の理論から生じる憎悪の投射は、対象の認識を統制する必要性を生み出す。同時に、これは、個人が自分の内面の世界を直接認識していると同時に、自分たち自身の内面世界の認識も認識している「多層認識（multiple-tier awareness）」のルフェーブルの概念を支持する議論として使用できる（Chotikul, 1986, p.59）。

　反射統制の理論を理解するために、スターリンといった人物像を記述するのに一般的に使用され、現在ではプーチンへの参照が行われるときに時々使用されるようになった「指導者（leader）」（「вождь」、vozhd）のロシアの概念も理解する必要がある（たとえば、Berdy, 2018）。国民はこの指導者と自分自身を同一視し、また彼は上記の「善と悪」への区分を強化することによって偶像化される。すなわち、この指導者は純粋であると示され、彼はあらゆる疑い、恐れや罪の上の存在であるとされる。この指導者は恣意的または強制的な方法で行動することができるが、最後は手段を正当化し、対立する無秩序と戦うために残酷な行動さえ必要になるかもしれない（Chotikul, 1986, p.60）。

　ルフェーブルの見解では、反射の概念は、そのような社会における統率力を説明するのに役立つ。彼の理論によれば、社会のすべての構成員は制限された現実の中で行動するが、指導者も彼自身の特別な現実の中で行動する。彼は自分の行動を計画し、その計画を自分の現実に投影し、それを実践し始める。これは、指導者が自分の社会の構成員が行った行動に加え

て、自分の行動に影響を与える要因を特定できる場合にだけ実行できる（Chotikul によると Lefebvre の引用とされている；Chotikul, 1986, p.62）。ルフェーブルの例は、西側とソビエトの統率力に関する概念の違いを適切に説明している。西側では、指導者は活動を指導するグループの有力な構成員と見なされているが、ソビエト連邦／ロシアでは、指導者は意思決定を行うグループの唯一の構成員である。これは、前述のロシア軍の意思決定における指揮官の特別な地位との類似点もある。

　反射統制の文脈では、ロシアと旧ソビエト連邦における「二重思考（doublethink）」（Двоемыслие）の役割を理解することも重要である。共産党が公式の考えと表現を統制したので、ソビエト国民は私生活と公的生活を区別しなければならなかった。二重思考の概念に従って、国民は自分自身の信念と矛盾する方法で慎重に生き（またまだ生きている）、または彼らの所要、日常の快適さやまたは経歴の願望に彼らの倫理を合わせる。これは、そのようなシステムに住んでいる人々が自分の人生に直接的な影響を与えないため、真実の操作を受け入れる傾向があるという点で、反射統制に関連している。二重思考は、基本的な不道徳と広範な弁証法的手法と組み合わされ、ソビエトシステムの真の基盤を提供し、その影響は、現在のロシアでも依然として感じられている（Chotikul, 1986, p.66; Gessen, 2018, p. 72-74, pp.299-301）。

　ロシアで広く使用されている概念である「半嘘（half-lie）」、「白嘘（white-lie）」、「戦術的真実（tactical truth）」（Kari, 2018）または vranyo（враньё）という表現も、同じ文化的背景の一部である。当局でさえ、検閲や情報の秘密保持に使用している。半嘘にはその中に常にいくつかの真実があり、より効果的である。チョティクルによると、反射統制は、嘘、半嘘、疑惑、および秘密が受け入れられ、社会的現実の自然な要素が認められる社会にお

いて達成および実装するのがもっとも容易である。同時に、ソビエトのシ
ステムは権威主義的政府と権威主義的統率力を期待する国民との間の、疑
わしい、統制指向で複雑な関係によって特徴付けられたため、チョティク
ルは反射統制が社会的統制に組み込まれる可能性があることも示唆してい
る（Chotikul, 1986, p.86）。これは依然としてロシアの国民とその指導者たち
との関係を特徴付けていると言っても間違いない(Gessen, 2018, pp.301–304)。

　適切に機能するために、反射統制は、ロシアの秘密と欺騙（マスキロフカ）
の実践と、その背後にあるリスク回避の原則の理解も必要である。マスキ
ロフカの原則に従って、敵は反射統制手段もあり得ると見なし、ロシアの
ドクトリンと戦略的前提の考えと一致する必要がある。これらの前提を理
解することは、反射統制の方法論の重要な部分である。たとえば、カーネ
マン（Kahneman）は、認識は主に個人が意思決定を行い、彼らの環境を知
覚するために使用する標準化されたプロセスによって影響を受けると指摘
している（Kahneman, 2003, pp.699–700）。これらのプロセスは、完全に未知
の問題と接触すると、認知の誤りを引き起こす。このため、前提だけに頼
るのではなく、行動の背後にある動機と戦略を理解することが重要である
(Chotikul, 1986, pp.69-73)。リスク回避の文脈において、チョティクルはソビ
エト連邦がリスク嫌悪社会であったと示唆しており、このため、反射統制
の主な目的の一つは、リスクを最小限に抑え、意思決定者にとって状況を
より予測可能にすることだった（ibid., pp.75）。

　社会的背景の前提に関する文節を要約すると、活動環境、歴史、および
社会的要因に起因する理由により、ロシアでは常に統制が重要な役割を果
たしてきたと言える。その結果、反射統制の背後にある要因は何十年も存
在していたが、1960年代までは、それらは総合的理論の枠内ではなく、直
感的かつ無意識的に使用されていた。チョティクルが示唆しているのとは

異なり（ibid., pp.76–77）、反射統制は、不可避な発展またはロシアの考え方に組み込まれたものと見なすことはできない。代わりに、本研究では、スターリンのテロ統治後、大量処刑や収容所に基づいていない、国が国民を統治する制度を開発する必要があったことを示そうとしている。上記の社会的背景要因とサイバネティックス的な見方のため、ソビエト社会では反射統制の必要性があり、それが「柔らかな（soft）」影響工作に関する体系的な研究を促した。この研究と影響工作は、軍事作戦の計画立案と軍事力の行使に組み込まれた後、最初に自国の国民に向けられているかもしれない（Pynnöniemi, 2018, Peters, 2016, p.4 参照）。

2.6.2　研究期間、1960年代〜1970年代初頭

反射統制の理論的発展（研究期間）は、1960 年代のフルシチョフの統治中にソビエト連邦で行われたサイバネティックス研究にその起源があった。その年代の先駆的な研究で、ウラジミール・アレクサンドロヴィッチ・ルフェーブルは反射統制の発展に重要な貢献をした。

レニングラード生まれのルフェーブルは、ロモノーソフ・モスクワ州立大学の物理学と数学の学部で学位を取得し、1960 年代初頭にソビエト国防省の後援の下で運営されている最初のコンピューターセンターで研究の経歴を開始し、施設での彼の主題は応用軍事サイバネティックスであった（Lefebvre 2002, p.83; Chotikul, 1986, p.86; Semenov, 2017, p.609）。同時に、彼はモスクワ方法論クラブ（MMC）として知られる論理研究グループの研究にも参加した。ルフェーブルは、MMC でセドロフィスキー（Stsedrovitsky）とアレクセイエフ（Aleksejev）が立ち上げた人間の思考に関する問題についての研究を続け、彼自身の解決策の解釈を発表した。彼はまた、心理学者や哲学者の会議にも出席し、そこで反射性に関する独自の発表を行った。ル

フェーブルは、MMC で実施された先駆的な方法論的研究および実際の軍事環境で実施された心理学および人間工学に関する研究と合わせて、反射プロセスの研究を開始した（Lefebvre, 2002, p.83; Semenov, 2017, p.609）。

　1963 年までに、ルフェーブルは当時使用されていた意思決定モデル化システムが不完全であるという結論に達した。彼の見解では、古典的なゲーム理論は現実を模擬できない。なぜなら、その中で、各プレーヤーが敵の意思決定を考慮せずに独立して決定を下したからである。彼は「反射ゲーム」の論理の研究を開始し、ゲーム理論とは異なるモデル化システムを発表した。ルフェーブルのシステムは三つのサブシステムで構成され、そのうちの一つは敵の意思決定の模擬であった。自分の意思決定と敵の意思決定とは分けておくべきだという見解の批判に応えて、反射統制の概念を提案した。ルフェーブルによれば、敵は意思決定を行うときに常に反対側の情報を使用する。相手が自分の必要に合わせて情報を形作ろうとする状況は、対立を客観的および主観的要因によって検討するモデルにつながるであろう（Lefebvre 1984b, pp.7-9; Semenov 2017, p.609）。したがって、ロシアの思考の弁証法は、反射統制の基本に拡大する。

　翌年、ルフェーブルは、意思決定要素は位置を基本とした索引を使用してモデル化すべきであると提案した。目標、ドクトリン、「地図」、決定などの要素には、数値索引が与えられ、意思決定を反復的な数学的プロセスとして簡潔な形で提示できるようにした。さまざまな要因が数学記号として提示された場合、アルゴリズムと代数公式を使用して意思決定プロセスを記述でき、自然言語と図形に典型的な課題とあいまいさを排除できた。ルフェーブルはこれらの計算式を「反射方程式」と呼んだ（そのような方程式の簡単な例については、付録1を参照）。ルフェーブルによって提示されたこれらの考えは試験され、効率的であり、多くの創造性を含んでいることが

わかった。実際、反射統制の理論は大きな関心を集め、特にその利点と可能性がすぐに認められた軍事界では好評だった(Lefebvre, 1984b, pp.5–31)。ルフェーブルが反射システムに適用したサイバネティックスの手法は学界でも高く評価され、ソビエト科学アカデミーの著名な出版物（1965）とその機関の哲学的方法論の年次出版物である『システム研究』(*Systems Research*)の初版（1969）において彼の研究結果が論じられた。彼はまた、ソビエト科学アカデミーの中央経済数学研究所（ЦЭМИ）(Semenov, 2017, pp.609–610)において著名な科学職に就任するよう招聘された。

　ルフェーブルはこの主題についての彼の関心において単独だけではなく、彼の研究と並行して、心理学—サイバネティックスの研究のために志を同じくする個人の非公式グループを立ち上げた。このグループには次のメンバー、すなわち、V・E・レプスキー、G・L・スモリャン（G. L. Smoljan）、P・B・バラノフ（P. B. Baranov）およびA・F・トルドリュボフ（A. F. Trudoljubov）がいた（Semenov, 2017, p.609）。彼らのほとんどは、反射統制の発展に役割を果たしたであろう。

　ルフェーブルによれば、彼の反射方程式を使用するには、紛争への新しいアプローチが必要である。ルフェーブルのモデルでは、紛争を二つの反対システム（軍など）間の相互作用として検討するのではなく、軍が行動する方法を決定する二つの意思決定プロセス間の相互作用として紛争を捉えた。このモデルでは、紛争は、当事者間で利用可能なすべての選択肢が特定されているという条件の下、反射方程式としてモデル化でき、対立する当事者間の反射行動として検証される（Lefebvre, 2010, p.143; Reid, 1987, p.294）。その場合、反射とは、各当事者が自分自身と敵対者の意思決定およびそれらに利用可能な選択肢をモデル化することにより、意思決定を策定することを意味する。ルフェーブルの研究は、この反射的相互作用を研究するた

84

めのアルゴリズムと構造を生み出した。

　ルフェーブルの見解では、敵の統制は間接的なプロセスである。「*敵の意思決定の統制は、最終的には、反射的相互作用を通じて特定の行動戦略を敵に強制することを意味するが、直接的なプロセスの結果ではなく、武力を行使して達成できない。これは、相手によって事前に決定されている論理的な意思決定を行うための根拠を敵に提供することによって達成できる。意思決定の根拠を転送することは、X を Y の状況に固有の反射に連接することを意味する。このようにして、X は意思決定プロセスを統制し始めることができる。意思決定の根拠が一方の当事者から他方の当事者に転送されるプロセスは、反射統制と呼ばれる。すべての転換（挑発、嘘、および欺騙）は、反射統制の結果である。*」（Lefebvre, 1967, pp.33–34）

図4　XとYの意思決定プロセスの連接（Lefebvre, 1967）

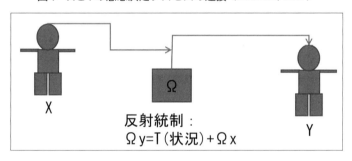

反射統制：
$$\Omega y = T（状況）+ \Omega x$$

　1960年代後半、ルフェーブルは方程式の解法に基づく上記の思考モデルと、二次サイバネティックスとの関係について説明した。彼の見解では、構造（対象物）を分離することが可能であり、その複雑さは観察者自身の複雑さに対応していた。たとえば、そのような場合、軍事指揮官は、彼の軍が直面している敵軍を分析する研究者として行動することができる。ルフェーブルによると、指揮官は敵軍の地理的な位置とその行動の構造をモ

デル化することで分析を開始できる。しかし、この分析は指揮官の問題を解決するには不十分である。ルフェーブルによれば、指揮官の主な目標は、敵の計画を決定し、敵軍の場所と作戦構造がどの程度事実であるか、またそれらがどの程度指揮官に間違った決定をさせることを目的とした欺瞞の結果であるかを確認することである。この例では、指揮官は自分が研究している対象の内面世界を反映しなければならない（Lefebvre, 1967, pp.9-10）。

　ルフェーブルによれば、研究者（指揮官）と彼の研究の対象との違いは、この段階では不明瞭になる。対象物を研究している人を自分だと考える外部の観察者は難しい立場となる。彼が研究している対象物も敵対者を研究している場合、彼は何ができるか（ibid., pp.9–10）。したがって、ルフェーブルの考えは、以前のシステム間の関係の外に「観察者のシステム」が存在する二次サイバネティックスと一致している（Novikov, 2015, pp.17–18; Lefebvre, 2002, pp.84–85 参照）。

　ルフェーブル自身の定義によれば、敵の状況評価に関する情報があり、敵が敵自身のドクトリンを使って状況を分析する方法を知っていれば、他方は有利になる。この場合、意思決定者が利用できる選択肢の解決可能な方程式を構築することが可能である。敵の状況認識、その目標またはドクトリンに影響を与え、敵が影響を与えようとする試みに気付かないようにすることが特に重要である（Chotikul によると Lefebvre の引用とされている ; Chotikul, 1986, p.78）。ルフェーブルは 2002 年に発表した論文で、自分自身を認識しているシステムとそれに影響を及ぼしているシステムに関する情報の影響を検証するために使用できる二次のサイバネティック概念を独自に開発したと記述している（Lefebvre, 2002, pp.83–84）。

　ルフェーブルの定義には、反射統制の中核が含まれている。最初の部分

86

（優位を獲得する）は目標を説明し、二番目の部分（状況の評価と情報を活用する）は方法を説明する。ソビエト連邦における結論は、効果的な意思決定における焦点は敵またはその部隊行動基準の考えにあるべきであるということだった。これには、統制される当事者の内部世界構造を反映する能力と、その行動戦略の信頼できるモデルを作成する能力が必要だった。このような状況では、反射統制とは、その背後にある要因を理解することによって敵の意思決定を模倣することを意味する。最終的な目的は、敵の「意思決定アルゴリズム」を混乱させ、それを統制することである。ソビエト連邦では、意思決定の要素と内容を十分に総合的にモデル化できれば反射統制を適用できるため、敵対者の意思決定の「質」は無関係であることがわかった(Chotikul, 1986, pp.78–79)。基本的な心理的および応用的な軍事環境におけるルフェーブルの方程式の有効性が、伝統的な戦略に基づいた古典的なゲーム理論に依存する敵を倒すための基礎を提供することも観察された(Semenov, 2017, p.610)。

　ルフェーブルによって開発された反射統制は、心理学から生じる反射とサイバネティックスから生じる統制の二つの部分で構成されていた。反射統制は、敵の活動に影響を与えるために使用でき、敵の認知地図が完全に理解されている場合に適用できる。この場合、敵対者が行った状況の客観的な観察は、敵対者が何にも気付かずに変更されるかもしれない。上記の状況を実現するには、敵の特徴である心理的側面と主観的要因に注意を向ける必要がある（Chotikul, 1986, p.79）。

　ルフェーブルは2002年の論文で、1960年代にソビエト連邦と西側で二次サイバネティックスが進化した方法には根本的な違いがあったと述べている。ソビエト連邦では、それは敵の意思決定プロセスに影響を与えるための概念的な基礎に発展した(Lefebvre, 2002, p.85)。ルフェーブルは1974年

2.
理論的な起源と反射統制の進化

に米国に移住したが、彼の研究はソビエトの軍および文民部門で続けられた（Semenov, 2017, p.610）。軍事的応用の開発は、ドルジニン（Druzhinin）、ソビエト連邦参謀本部幕僚副長および彼の同僚であるコントロフ（Kontrov）といった将校によって続けられた。彼らはルフェーブルの考えに従い、敵を支配するには、敵の部隊の状態と軍事指揮官の個人的な性格だけではなく、敵の政策、イデオロギー、軍事ドクトリン、目標、組織、心理学、2国間関係、および感情についての深い知識が必要であると結論付けた。これらをフィルタにして、指揮官が意思決定に使用する情報をフィルタにかけることができる（Druzhinin & Kontorov, 1976, pp.199-201）。「方向付け（Orientation）」（Boyd, 1996）は、意思決定に関する西側の研究で使用されている同様の概念である。

　ルフェーブルの考えとドルジニンとコントロフによる本は、この主題が軍事誌でも論じられたため、この段階での反射統制に関する議論に貢献した唯一のものではなかった。敵の意思決定にどのように影響を与えるかについての論文で、1971年に『Voennaya Mysl』誌に掲載されたM・イオノフ（M. Ionov）少将は、敵の計画と意図が明らかになった場合に影響を与える可能性があると指摘している。イオノフによれば、敵は次の条件に基づいて当事者にとって有利な決定を下すように説得することができる。すなわち、それは、敵を圧力下に置く。敵の状況評価、意思決定アルゴリズム、および敵の目標選択方法に影響を与える。また、敵の意思決定のタイミングに影響を与える。敵を圧力下に置くことは、理解するのがもっとも簡単な条件である。その目的は、意思決定者の心理状態に影響を与え、戦闘を回避するように彼らを説得することである。偽装、欺騙、予期せぬ新しい装備、および部隊の変化は、敵の状況評価に影響を与えるために使用される（Ionov, 1971, p.165）。

88

　敵が目標を選択するときに、敵に影響を与える特定の方法を列挙することは困難である。それらを使用するには、指揮官は高い知的能力を持ち、直感と経験を有していなければならない。彼はまた、論理的思考を適用し、歴史とドクトリンを理解し、敵の指揮官の特定の性格に関する情報を持っていなければならない。これらの手段は、敵の指揮官の演繹的な意思決定に対抗するために使用される。指揮官は限られた情報に基づいて意思決定を行い、実際の目標に関する不確実性がさまざまな異なる選択肢を提示することによって十分に長い期間維持される場合、指揮官はどちらが適切であるかを判断する時間がない。そのような行動は、敵がその目標を決定することをより困難にする。したがって、敵の意思決定アルゴリズムも妨害する（Ionov, 1971, p.166）。イオノフはルフェーブルと同じ用語を使用している（意思決定アルゴリズムなど）。

　イオノフは彼の論文で、統制、心理戦、および戦場支援の間の連接について説明している。彼の見解では、西側で適用された方法は、敵を統制する方法を計画するとき、その方法が意図されている心理学と社会システムのどちらも理解されるべきであることを示している。ソビエトの弁証法的考え方に沿って、イオノフは西側諸国がソビエト連邦を欺く方法を公表しているかどうかも尋ねている。イオノフは彼の論文で、敵の作戦に影響を与えることは複雑な論理的問題を構成し、大量の情報が処理された場合にだけ解決できると指摘して結論付けている。これは指揮官と幕僚の能力を超えており、その作業には自動化システムが必要である（Ionov, 1971, pp.169–171）。

　イオノフは彼自身の論文で反射統制について名前を挙げて言及していないが、同じ主題を続けたベレズキン（Berezkin）はその概念を議論に紹介している。ベレズキンの見解では、イオノフは戦闘の成功が敵の意図が確認された場合にだけ保証されると述べたことにおいて正しかった。ベレズキ

ンによれば、意思決定の公式を構築するのに役立つ発見的方法を適用して、敵の意図を確認しなければならない（Berezkin, 1972, p.183）。ここでベレズキンは、意思決定を形式化し、それに数学的な根拠を与えることに関するルフェーブルの考えを利用している。ベレズキンは、さまざまな種類の情報が敵対者の意思決定を統制するための鍵であることを指摘し続ける。この情報は、指揮官やその対抗側がそれについてどう思っているかに関係なく、戦闘の客観的な真実を構成しなければならない。重要な点は、自分自身の側が敵の意思決定に早い段階で影響を与えることができることを確実にするために、自動システムによって収集される情報と収集される情報の量を定義することである。ベレズキンによると、このような統制関連の問題の再定義には新しい用語が必要である。彼の見解では、「反射神経の統制」が、彼が説明している統制プロセスのもっとも正確な表現である。この用語は、プロセスの双方向の性質を表し、その目的は、敵の心に影響を与えるだけではなく、敵が同じことをするのを防ぐことである。敵対者は、伝えられた情報を必ずしも望んだ方法で使用しないため、反射神経の統制は確率に基づいていることを、ベレズキンは指摘して続ける（Berezkin, 1972, p.184）。ベレズキンによると、最良の方法を選択する際、指揮官はイオノフによって説明された方法で、心理的要因と政治的および社会的側面の両方を理解しなければならない（ibid., p.185）。

　ルフェーブルによれば、上記の一般に入手可能な本や論文に加えて、KGBの後援の下で行われている秘密の開発作業もソビエト連邦で進行中だった。彼は、パノフ（Panov）という職員が書いたルフェーブルの発見に基づく秘密の報告が1968年に発行され、それがプロセスの始まりの印となったと主張している。その年、KGBは反射機能を研究するための独自の施設を設立したとされている。ルフェーブルによると、反射統制の理論は、パノフの報告書の発行後に機密情報になり、これは、ソビエトの指導部に

よって非常に重要であると考えられたことを示唆している（Chotikul, 1986, p.90）。軍事誌での公開討論とこの主題について出版された本は、ルフェーブルの主張を信用させるものではない（Semenov, 2017, p.609）。しかし、KGB は別の方向に反射統制を発展させた可能性があり、この研究の結果は未発表のままである。他の情報源には、反射統制の発展におけるそのような KGB の関与への言及はなく、それを評価する試みは本研究では行われていない。

1960 年代と 1970 年代のソビエト連邦における反射統制の研究段階は、次のように要約できる。1970 年代初頭までに、システム間のサイバネティックス思考（二次サイバネティックス）の発展により、敵対者の意思決定に向けられた反射統制の役割が認識され、実際の意思決定プロセスのモデル化におけるゲーム理論の不適切さが指摘され、意思決定の数学的モデル化がウラジミール・ルフェーブルと MMC の後援の下で開発され、自動化および防護された情報処理の必要性が敵対者の意思決定に対する統制の一部として特定された。しかし、当時使用されていたコンピューターでは、現在と同じ程度の自動情報処理は許されなかったが、概念レベルにおいては、そのことは反射統制理論の中核にとどまっていた。トーマスの主張（Thomas, 2004, p.243）とは対照的に、当時のソビエト連邦では、ルフェーブルとドルジニンとコントロフによる書籍の出版物や、加えて多くの科学的な会議に見られるように、反射統制は隠されずに議論されていた。さらに、「Рефлексивное управление」という概念の定義は、1974 年のサイバネティックス百科事典（Glushkov, 1974, p.296; Lefebvre を直接参照）に見ることができる。ソビエトの指導者たちにとって、実用的な応用を秘密にしておくことは、概念自体を隠蔽するよりも明らかに重要であった。

2.6.3　実用の方向付けの期間

　1980 年代にソビエト連邦で反射統制の実用的な応用についての議論が続けられた。同時に、1970 年代のデタント期間の後、レーガン大統領の下での米国はソビエトの軍事開発に新たな関心を示し、ソビエト軍に関する一般的な研究の一環として、ソビエトの反射統制の考えが当時研究機関で研究された。この節では、筆者は、リード（1987）とチョティクル（1986）の研究、ソビエトの原文、ウラジミール・ルフェーブルの本の英語訳、および米国への移住後に行われたさらなる研究における結論を示す。

　1984 年、ルフェーブルは初めて二つの異なる方法で統制を行う方法の概念を示した。それは、その目的が、敵の所有する情報の処理を変更する認知法と、敵に伝えられるメッセージが選定される情報的手法であった。この概念は、その後の数十年における反射統制の発展に重要であった。この区分は現在も使用されている。ルフェーブルはまた、統制を二つの部類に分けた。それは、敵または自国の国民に影響を及ぼし、統制している集団の利益となるような意思決定を自発的に行うよう保証する建設的（創造的）統制と、敵が意思決定に使用するプロセスとアルゴリズムを破壊、麻痺、または無効にするために使用される破壊的反射統制である（Lefebvre, 1984b, pp.144–145）。筆者は、この区分を後で示す反射統制の二重モデルで使用する。

　1976 年に、上記で論じられた著作の著者であるドルジニンとコントロフは、敵の意思決定プロセスが四つの異なる要素に分けられると結論付けた。すなわち、1) 敵の状況の理解、2) 目標、3) 解法アルゴリズム（ドクトリン）、および 4) 決定である。筆者はこの区分を反射統制のモデルにも使用した（Druzhinin & Kontorov, 1976, p.199）。

状況の理解には、作戦部隊、作戦環境、以前の行動、現在の状況、および当事者の目標と制限に関する情報が含まれる。状況の理解は、偽装、欺騙、および偽情報によって影響を受け得る。このプロセスの第二段階を構成する目標は意思決定の重要な部分であり、平時と紛争時の両方で定義できる（Druzhinin & Kontorov, 1976, pp.199-200）。

リードが彼の研究のために編集した原文によると、目標設定には三つの方法で影響を与えることができる。一番目は、兵力を示して目標を達成できないことを敵に納得させることである。二番目は、対抗措置が敵の目標を制圧するような重大な脅威となることを示すことである。三番目の方法は、当事者自身の行動に関して敵を不確実な状態に保ち、目標のどれもがあらゆる生起しそうな事態においても満足のいく結果を保証できないようにすることである（Reid, 1987, p.295）。

ドルジニンとコントロフによれば、解法アルゴリズム（ドクトリン）には、敵の行動の規範、分析的作戦モデル、状況を説明し評価する敵の方法、およびさらなる行動の準備が含まれている。それは、標準化された作戦モデル、方法、演習、および軍事指揮官が学んだ教訓に現れる（Druzhinin & Kontorov, 1976. p.201）。リードによると、ソビエト連邦における結論は、反射統制を通じてこれらの要因に影響を与えることは難しいということだった。しかし、彼はまた、奇襲は決定のタイミングに影響を与える方法であるというイオノフ（1971）の見解を引用している。意思決定自体に間接的に影響を与えることは非常に困難であり、このため、反射統制の焦点は意思決定の最初の二つの段階にある（Reid, 1987, pp.295–296）。

彼の研究のために、リードはソビエト連邦で発表された反射統制方法の

詳細を収集し、これは、ルフェーブルの著作にも同様の形で現れる (Lefebvre, 1984b)。これらは、1980 年代にソビエト連邦で蔓延していた状況を反映しており、そこでは、反射統制の実用的な方向付けに焦点が当てられていた (Thomas, 2004, p.238 を参照)。実際の適用を容易にするために、それらのそれぞれは、過去の紛争の例または反射統制を適用する他の方法を伴っていた。

——状況図を敵に転送する。すなわち、この反射統制の方法では、敵は、欺騙、偽装、またはおとりによって間違ったまたは不完全な状況図を伝えられる (Reid, 1987, pp.296–299)。

——敵の目標またはドクトリンを作成する。すなわち、この反射統制の方法では、目的は、当事者の情報を共有することによって、唯一の選択肢が当事者の側にも有利である状況に敵を置くことである (ibid., pp.298-300)。

——望ましい決定の転送。すなわち、この作戦モデル（当事者間の信頼と連絡が必要）では、目的は、敵に当事者自身の行動の基礎を提供する決定をさせることである (ibid., p.301)。

これら三つの作戦手法は単純なモデルであり、意思決定の特定の段階で敵の状況評価に直接影響を与えることを目的としている。以下で説明する作戦モデルは、敵の別の段階の理解を統制することによって意思決定プロセスの一つの段階を形成することを目的としているため、より複雑である。そのような行動を成功させるには、敵対者がどのように決定を下すかについて非常によく理解する必要がある (Reid, 1987, p.301)。

——誤った状況評価を与えることによって目標形成に影響を与える。すなわち、敵を罠に誘い込むことができるように弱点を装うことは、この方法の一つの応用である (ibid., pp.301-302)。このモデルは、敵が意思

決定の基礎として使用する、事前に特定された特定の「兆候」を統制することによっても使用できる。

——自分の状況評価の一部を敵に与える。すなわち、たとえば、自分の作戦にとって重要であると示した事項に関する統制された漏洩（ibid., pp.302–303）。

——架空の目標の詳細を敵に与える。すなわち、この方法の目的は、敵の注意を実際の目標から望ましい目標に移すことである（ibid., pp.303–304）。

——自分のドクトリンの偽物版を敵に与える。すなわち、軍隊が実際の状況とは異なる方法で展開する演習は、この方法の例である（ibid., p.305）。

——敵が誤った状況図を把握するように自分の行動を修正する。すなわち、この方法では、統制されたリスクを取り、攻撃が計画されていない場所とそこから部隊を移動させる。敵に差し迫った攻撃があるように想定させることである（ibid., pp.305-306）。

——第三者による２国間関与の反射統制。すなわち、この方法（意思決定者向け）では、第三者が他の二つの当事者を有利な状況に追い込もうとする（ibid., p.306）。

——反射統制を適用する敵に対する反射統制。すなわち、この作戦モデルでは、敵が反射統制を使用していることが想定されており、その目的はその戦略を明らかにし、反対側に対してそれらを使用することである（ibid., pp.306–307）。

——ゲーム理論に依存する敵の反射統制。すなわち、この方法では、ゲーム理論の保守的な性質と柔軟性のなさと、事前にわかっている答えに基づいて、これらの特性に沿った入力が敵の意思決定プロセスへと送られる（ibid., pp.307–308）。

　1980 年代半ばまでに、すべての敵の動きや無作為な事象への対応を含む総合的な計画が、反射統制の適用を成功させるために重要であることがソビエトの当事者にとって明らかになった。また、反射統制の目立たない性質が、異なる選択肢の中での選択を容易にする優れた戦略レベルの道具になったことも指摘されていた（Druzhinin & Kontorov, 1976, p.192）。ルフェーブル自身が書いたように、「学術的な議論とは対照的に、もっとも独創的な嘘つきは紛争で勝利する」（Chotikul によると Lefebvre の引用とされている；Chotikul, 1986, p.80）。

　また、1980 年代には、反射統制には継続的なフィードバックの鎖が不要であることが指摘され、これはそれまでは、サイバネティックスの統制システムに重要な構成要素と見なされていた。チョティクルによると、ソビエトの当事者は、統制の有効性が評価され、誤りが訂正されるときはフィードバックが使えるが、しかしフィートバックを受信できない場合、それは無視できると実感した（Chotikul, 1986, p.81）。

　チョティクルは彼女の報告書で、重要な発見の一つは、敵とその反射能力を過小評価すると、反射統制方法の有効性が実質的に損なわれるかもしれないことであると指摘している。また、さまざまな異なる技法を適用する必要があり、同じ技法を繰り返し使用してはならないことを理解することも重要である。これは、敵がどの方法と技術が使用されているかを推測し、適切な対策を開発することを防ぐ（Chotikul, 1986, p.83）。

　1980 年代には、思考過程や心理的機能を正確に定量化できず、そのような理論は無効であるとされたため、反射統制を科学的方法に発展させることはできないという見方をした西側の研究者が多かった（Chotikul, 1986, p.96）。コンピューター技術の進歩とデータ量の増加により、これが実際に

今は可能かもしれない。それにもかかわらず、すでに1980年代には、研究者は反射統制の概念に基づいて考えることは有用な作戦モデルを提供するであろうと示唆した。敵を理解し、潜在的な動きと対抗する動きを分析し、その結果として生じる、戦略的問題を分析し最適な意思決定を行うための基盤を提供する方法論を開発する必要性は、このようなモデルの鍵となる特徴である。研究者の見解では、これによってすでにソビエト連邦が他の世界より有利なスタートを切っており、反射統制の概念に従って意思決定を方向付けることは、実際には理論を適用するのと同じくらい敵にとって危険であるかもしれないことも指摘されている（Reid, 1987, p.309; Chotikul, 1986, p.96）。

結論は、1980年代にソビエト連邦は、自国の部隊と敵の意思決定プロセスのシミュレーションと統制に反射統制を使用するための、理論的および実用的な基盤を構築することができたということである。それは軍事作戦と訓練の手段として受け入れられており、その語彙は、少なくとも軍将校とサイバネティックス主義者の寄与によって、公開討論で使用された。ルフェーブルの西側への移住と彼の著書『良心の代数』も、1980年代初頭に米国でこの主題に関する認識を高め、この主題に関する研究報告は公表され入手可能なソビエトの出典に基づいて作成された。これらの報告では、その実用的な側面に焦点が当てられていたため、反射統制の数学的基礎についての議論はほとんどなかった。

2.6.4　心理教育的期間

ソビエト連邦の崩壊後、ロシア軍は混乱に陥った。ソビエト連邦はすべての実用的な目的のために、予算の大部分を対外および内部の安全保障に費やす軍事組織だった（Allen, 2001, p.867）。しかし、ソビエト連邦の崩壊に

よっても、研究活動が続けられたので、反射統制の発展は止まらなかった。この理由については後で説明するが、筆者は最初に、反射統制の理論がさらに取り入れられたいくつかの論文を見る。ロシアの慣習に従って、ティモシー・トーマスはこの時代を心理教育的期間と名付けた（Thomas, 2002, p.61）。1990年代の一般的なロシアの議論では、反射心理学への関心が高まった。

　ソビエト後のロシアにおける反射の概念によって達成された地位は、著者が安全保障の一般理論を公式化しようとしている1992年の『Voennaya Mysl』誌のラザレフ（Lazarev）による論文に示されている。ラザレフによれば、米国は情報を反射統制手段として使用しているため、国家の情報安全保障は高い優先順位を与えられなければならない（Lazarev, 1992）。同じ主題が1995年にスコルツォフ（Skvortsov）、クロコトフ（Klokotov）、ツルコ（Turko）によって議論された。彼らの見解では、反射統制は政府レベルでの意思決定に影響を与えるもっとも複雑な方法である。彼らはまた、情報技術と情報戦、および法律による情報保護において米国が行った入力に言及している（Skvortsov, Klokotov & Turko, 1995）。当時、ロシアの軍事ドクトリンの将来の形についても議論があり、クリメンコ（Klimenko）は、聴衆に望ましい反応を誘発できるように公開されたドクトリンには記述的要素と反射的要素の両方を含めるべきであると指摘した人の一人だった（Klimenko, 1997）。つまり、この段階では、反射統制は西側で使用されていると見なされていたが、西側諸国は敵としてではなく、見習うべきモデルとして特徴付けられていた。1990年代には、情報セキュリティの概念に対する西側とロシアの手法の間にすでに違いがあった（これは後にロシアの安全保障戦略の鍵となる要素となった）。

　S・レオネンコ（S. Leonenko）大佐によって書かれた「敵の反射統制」（P

ефлексивное управление противником）は、本研究で使用された反射統制の実践に関するロシアでもっとも古い論文であり、多くの西側の研究でも引用されている（たとえば Thomas 2004, Giles, Seaboyer & Sherr, 2018）。この論文は、最初に 1995 年『Armeiskij Sborni』誌に掲載された。レオネンコによれば、反射統制は、動機と根拠を統制する実体から統制を受けるシステムへと送信することで構成され、そのシステムが望ましい決定を促す。これらの動機と根拠の性質は秘密にしておかなければならず、被統制システムは独自に決定を行わなければならない。レオネンコによれば、「反射」とは、敵の思考をモデル化したり、その潜在的な行動を模倣したりするために使用される特定のプロセスを意味する。反射は敵に不利になる決定をするように促す。レオネンコは、ドルジニンとコントロフによって最初に記述された「フィルタ」を検証し、これは、敵の指揮官が意思決定の基礎として使用する概念、情報、思考、および経験を意味し、有用な事実を無関係な情報と区別し、間違った情報から情報を修正することなどを可能にするものである（Leonenko, 1995, p.28）。

　レオネンコは、このフィルタの弱点を特定し、それを当事者の行動に利用することが反射統制の核心にあることを指摘することにより、議論に新しい次元を追加する。ドルジニンやコントロフと同様に、レオネンコも、反射統制は、道徳的、心理的、指揮官の個人的な性格といった他の要素を利用していると述べている。経歴のデータ、習慣、および心理的欠陥を使用して、これらの個人的な性格の像を作成でき、これは、欺騙作戦に利用できる。レオネンコによれば、反射統制が適用される状況では、反射の度合いがもっとも高い側（反対側の思考を模倣するか、その動作を予測できる側）が勝つ可能性がもっとも高くなる。反射の程度は多くの要因に依存するが、もっとも重要なのは分析能力、経験、敵に関する知識の範囲である。レオネンコは彼の論文で、偽装と欺騙が過去に使用された戦略に取って代わっ

たと結論付けている。レオネンコは続けて、過去に反射統制の公式または正式な用語が利用できなかったとしても、直感的に敵を欺くために使用されてきたと述べている（Leonenko, 1995, pp.29–30）。この点で、レオネンコはチョティクルが彼女自身の研究で達した結論に同意する。論文からは、レオネンコがソビエト時代の著作をどの程度利用したかは明らかではないが、彼が使用する語彙は、ルフェーブル、イオノフ、ドルジニンとコントロフが使用する語彙と同じである。レオネンコは、「フィルタ」は人間の心とコンピューターの両方にあると示唆し、分析に追加している。情報化時代には、フィルタは人間とコンピューターの両方のデータ処理に関係する（Leonenko, 1995, p.29）。

M・イオノフは、現在は退役した将軍であるが、1970年代初頭にすでに始めていた反射統制に関する研究を続けた。1995年に『Voennaya Mysl』誌に掲載された論文で、彼は、反射統制の目的は、敵が注意深く分析した決定を行い、それが敗北につながることを保証するために敵の意思決定に影響を与えるか統制することにあると記述した。ルフェーブルと同様に、イオノフも、敵の元の計画がわかっていれば、反射統制が成功する可能性が高いと結論付けている。その場合、統制側は、反射統制方法を適用することによって敵に間違った決定をさせるように誘導するのに適している。これらの方法の目的は、あらゆる可能な手段を使って敵の意思決定時間を短縮し、敵の意思決定アルゴリズムを奇襲することである（Ionov, 1995a）。

新しいアプローチでは、イオノフは軍事連合を敵対者として識別する。彼の見解では、それは個々の国よりもはるかに複雑なシステムである。連合の安定性と意思決定能力は、個々の加盟国による状況の見方に大きく依存する。イオノフによれば、これらの国の間では考え方、目標、政策、および倫理に非常に大きな違いがあるため、各当事者はまず、影響力を行使

するさまざまな方法が彼らにどのように作用するかを決定すべきである（Ionov, 1995a）。

　イオノフは、1971年に提示した敵を統制する四つの技法を更新し、次のように説明した。兵力の誇示、誤った状況評価を提示するさまざまな方法、敵の意思決定アルゴリズムへの影響、また意思決定時間の変更である。彼の見解では、これらの四つの技法は、あらゆるレベルの指揮官のためのチェックリストとして機能する。イオノフは彼の論文で、これらの技法を適用するためのさまざまな方法を列挙している。それらの最初のものは、制裁、偵察、武器の試験、我の戦闘準備レベルの引き上げ、連合の形成、限定的な打撃、勝利の活用、残虐性の展示、および戦闘をやめた人々への慈悲といったさまざまな種類の脅威を含む。誤った状況評価の提示には、次のような方法、すなわち、隠蔽、模造施設の構築、陣地の変更、トロイの木馬、部隊間の通信の暗号化、新しい武器の秘密保持、武器による威嚇、および意図的な文書の紛失が使用できる。敵は挑発と欺騙を通じて行動することを余儀なくされ、あるいは部隊を拘束する時間のかかる報復行動を取ることを余儀なくされる。敵対者の意思決定アルゴリズムへの影響は、誤ったドクトリンを提示すること、日常的に欺騙的な方法で行動すること、指揮所と指揮官を攻撃すること、誤った背景情報を伝えること、高レベルの戦闘準備を継続的に維持すること、また敵の作戦的思考に対する対策を講じることによって与えることができる。奇襲攻撃を仕掛け、敵に過去の紛争との類似点を連想するように説得して性急な結論に誘導することは、意思決定のタイミングを変えるために使用される方法である（Ionov, 1995a）。

　イオノフは彼の論文「敵の統制」（Управление противником）で同じテーマを続け、それは同年後半に『Morskoi Sbornik』誌に掲載された。この論文でイオノフは、敵を統制し、敵が同じことをしないようにするに

は、敵の部隊、その作戦の性質と能力について情報を収集しなければならないと記述する。イオノフは、敵を統制するためのさまざまな原則を提示している。第一に、彼は応答の反射的な性質を強調する。すなわち、指揮官は常に、敵が置かれた状況にどう応答できるかを視覚化できなければならない。第二に、敵が統制の試みに気付いて対策を講じているかもしれないため、応答に問題があるかもしれない。第三に、イオノフは技術的な道具、特に偵察のレベルを強調している。敵に向けられた対策が露呈される可能性がますます高まっている。最後に、イオノフは敵に圧力をかけるために厳しい措置の使用を強く勧め、彼の見解では、それらの優先順位は社会的、心理的、倫理的およびイデオロギーへの考慮でなければならない。イオノフによれば、そのような措置には、民間人、戦争捕虜あるいは無制限の潜水艦戦に対する意図的な残虐行為が含まれるかもしれない（Ionov, 1995b, pp.25–31）。

　技術の進歩と、それらを反射統制とそれへの対策に組み込むことは、軍事誌に掲載された論文でも議論された。上記の論文で、S・レオネンコ大佐は、対策がより簡単に暴露されるかもしれないため、コンピューターの使用は反射統制を妨害するかもしれないと述べている。コンピューターの速度と精度はここでは役割を果たすが、コンピューターには反射統制を適用するときに使用できる機能もある。コンピューターは直感的な推論という人間の能力に欠けており、反射統制を使用するための新しい機会を提供できる。実際、彼の論文では、レオネンコは反射統制に新しい定義を与えている。反射統制は、動機と根拠を統制する実体から統制を受けるシステムへと送信することで構成され、そのシステムが望ましい決定を促す。反射統制の目標は、敵に不利な意思決定をするように促すことである。当然、敵の考え方を理解しなければならない（Leonenko, 1995, p.28）。

　レオネンコの見解では、コンピューターは新しい機会を切り開き、今日の状況では、人だけではなく技術偵察システムや高精度兵器に対しても行動する必要があると彼は指摘している。人間とは異なり、技術システムは何が起こっているのかを分析しようとせず、人間が反応するものを認識しない（ibid., p. 28）。トーマスは彼の論文で、これには反射統制に二つの層があることを意味するのではないかと問う。最初の層はセンサーで構成され、もう一つの層は人間である。トーマスによれば、この一例はコソボでの戦争であり、ユーゴスラビア軍が NATO のセンサーをだまし、その結果、NATO が偽の標的を射撃した（Thomas, 2002, p. 69）。これは、本研究のために準備されたモデルでも示される。

　1997 年の『Voennaya Mysl』誌のコモフ（Komov）による論文は、本研究で使用された心理教育的段階に関する最後の論文である。コモフの論文は、反射統制に関する多数の文書で引用されている。彼の見解では、敵に対して反射統制を発揮することは「知的」情報戦の一種であり、彼は彼の論文にそのような手法の基本的な要素を列挙している。情報戦におけるターゲティングシステムでは、そのような知的情報戦の攻撃的な要素は次のとおりである。

――撹乱。これは、戦闘の準備中に重要な敵の標的に対して現実または架空の脅威をすでに作成し、これにより、敵は自身の作戦計画の健全性を検討することを強要される。
――過負荷。敵に相反する情報を継続的に提供する。
――麻痺。敵は重要な権益あるいは弱点に対する脅威がある印象を与えられる。
――消耗。敵は無用な作戦を実行せざるを得なくなり、弱体化した資源を持って戦闘に参加せざるを得なくなる。

――分断。その目的は、連合軍の利益に反して行動するように敵を説得すること。

――鎮静化。目的は、事前に計画された演習（戦闘準備の代わりに）が進行中であることを敵に納得させ、敵に警戒心を低下させること。

――抑止。その目的は圧倒的に優位であるという印象を生み出すこと。

――挑発。敵が当事者自身に有利な方法で行動を強いられる。

――暗示。敵に、法的、道徳的、または思想的に影響を与える情報を提供する。

――圧力、または自国民の目の前で敵政府を損なう情報の配布（Komov, 1997; Thomas, 2004, pp.248–249）。

コモフはまた、次の防御的要素を列挙する。可能なすべての手段（軍隊を含む）による情報の収集、および複数の情報源から情報を裏付ける（Komov, 1997）。

このように、1990年代もロシアでは反射統制の発展が続いており、その実用化についても議論があった。ソビエト時代と比較して、弱者の立場からの戦いと軍事連合との戦いに関するロシアの見解は、より顕著に論文に反映された。同時に、技術の進歩と意思決定におけるコンピューターの使用も考慮された。ソビエト連邦で実施されたサイバネティックス研究はすでにこれに対する強力な基盤を作り上げていたが、今回の研究結果は実用的なレベルでも適用できるようになり、それは、反射統制は、敵の意思決定に影響を与えることに焦点を当てた戦いと見なされたことである。本研究によると、世界の歴史における過去の出来事を調べることに焦点が当てられていたため、1990年代のロシアの軍事作戦における反射統制の実用的な適用はなかった。さらに、この問題は作戦的な応用の背景について議論されているため、軍の将校により、これらの論文でルフェーブルが使用し

た数学的モデル化に言及するものはない。

2.6.5　心理社会的期間とロシアの活動からの観察

　2000年代初頭までに、ロシアはソビエト連邦の解散後の混乱から大部分が回復し、少なくともドゥブロフカ劇場の人質危機〔訳注：2002年10月、モスクワ市内の劇場を武装勢力が人質を取り立てこもった事件〕といった国内対テロ作戦に反射統制を使用しようとしていた (Berger, 2010, p.88)。2001年に米国によって開始されたテロとの戦いと並行して、ウラジミール・プーチンの下でロシアは西側との和解を達成するために取り組んでいた。それらの年には、反射統制と反射性についてのより多くの公の議論がなされ、そして、ロシアの研究者は彼らの米国の対応者と密接な協力に従事していた。2001年に、1960年代からルフェーブルと協力してきたウラジミール・レプスキー（Vladimir Lepsky）は、出版物『*Рефлексивные процессы и управление*』（反射プロセスと統制）誌を発行した。2001年から2004年の間に、『Reflexive Processes and Control』という英語の題名でも出版された。彼らの論文や他の出版物で、ルフェーブル、レプスキー、および他の民間の研究者は、ロシアおよび世界の他の場所のほぼすべての科学分野で反射性をどのように使用できるかについての議論を続けた。すでにレプスキーとルフェーブルの考えを研究していた米国の研究者であるティモシー・トーマスは、この誌上に反射統制の軍事的応用に関する彼の最初の論文を発表した (Thomas, 2002)。これは、同じ主題に関する他の論文（Thomas, 2004, Thomas, 2011 など）の基礎を提供した。筆者の研究結果によると、トーマスの論文や他の出版物は、ロシアと西側で反射統制についてもっとも頻繁に引用されている論文である。

「敵に対する反射統制の基礎 (Fundamentals of reflexive control over the enemy)」

（Основы рефлексивного управления противником）と題する
チャウソフによる論文は心理社会的相（Thomas, 2002, p.61）のための主要な
ロシアの資料源として使用され、また多数の異なる出版物に引用されてい
る。その論文は 1999 年『Morskoi Sbornik』誌に掲載された。チャウソフ
は理論的側面についても書いているという点で他の兵士と異なるが、他の
ほとんどの軍将校は反射統制の方法に焦点を当てている。

　チャウソフは彼の論文で、反射統制を「**特定の情報の集合を反対側に意
図的に伝達するプロセスであり、その情報が伝達された側にその情報に対
して適切な意思決定をさせるもの**」と定義している（Chausov, 1999, p.12）。こ
れは、レオネンコ（1995）などの著者たちによって提示された定義と一致し
ている。

　チャウソフは彼の論文で、反射統制の使用を計画するための基礎として
使用できるいくつかの構成要素を列挙している。チャウソフによれば、反
射統制の計画には以下が必要である。

　——作戦に必要なすべての反射統制手段を説明する目標指向のプロセ
　ス。
　——計画の実施を可能にする、指揮官と彼の幕僚の知的能力の十分に総
　合的な状況評価。
　——反射統制のための目標、任務、場所、時間、および方法の適合。
　——反射統制が適用された瞬間の両方の当事者の状況を説明する予測ま
　たはモデル。
　——初期段階で、状況が許す限りすぐに、反射統制を適用できる状況に
　基づく予測。
（Chausov, 1999, pp.12–13）

チャウソフは彼の論文で、敵の指揮官、指揮システム、および幕僚との間の情報の流れが反射統制に関連する方法についても説明している。彼の見解では、反射統制のシステムは、命令を伝達するシステムと並行して敵の指揮システムに配置される。したがって、幕僚によって指揮官に伝えられたすべてのメッセージは、反射統制のシステムを通過し、それらを望んだ方法で歪めることになる。チャウソフによって開発されたこのモデルを、本研究で詳述されている指揮統制モデルと比較すると、指揮官に影響を与えることもまた、チャウソフのモデルにおいてもっとも効果的な手段であると言える（Chausov, 1999, p.15）。チャウソフの考えは、次章で説明する二重統制モデルとも類似している。

しかし、反射統制の理論は、ロシアでも批判を引き起こしている。ポレニン（Polenin）による論文は、上記の論文に対応して2000年に公開された。ルフェーブルの理論を幅広く研究してきたポレニンは彼の論文で、すべてを包括する活動として反射性を提示したことでチャウソフを批判している。彼の見解では、所望の情報を使用して敵を統制する手段としての反射統制の元の考えは、この手法においては誤解されている。一般的に、ポレニンは、反射統制モデルは、実用的適用には抽象的で理論的すぎると考えている。彼の見解では、敵の意図をモデル化することは、最終的には主観的なプロセスであり、推測とそれを意思決定の基礎として使用することにはリスクがないわけではない（Polenin, 2000, p.68）。しかし、ポレニンは彼の批判において孤立している。他に同様の批判的論文は現出しておらず、一般に、敵の意思決定をモデル化することは完全に可能であると考えられている。

2002年に『Armeyskiy Sbornik』誌に掲載されたエルマク（Ermak）とA・

ラスキン（Raskin）による論文は、反射統制を新しい視点から検討している。彼らは、反射統制のモデル化におけるシミュレーションの使用について議論する。この論文は、前述の意思決定支援システムに関するものである。彼らの見解では、反射統制は自動化意思決定支援システムと組み合わせて使用でき、反射を適用する当事者が状況を特定し、データベースに配置し、状況に応じて部隊を展開するための提案を作成できるようにする（Ermak & Raskin, 2002, p.46）。エルマクとA・ラスキンによれば、この後には、自分たち自身の側にとってもっとも優位性を与えることになる、シミュレーションで生成された選択肢の選択が続かなければならない。彼らの見解では、これには指揮官と彼の幕僚側に創造性が必要となる。同時に、エルマクとA・ラスキンは、敵を反射統制することは、戦いがシステム間の全体的な闘争として検討された場合にだけ可能であることも強調している（Ermak & Raskin, 2002, p.46）。

　その論文は、2003年に『反射プロセスと統制』（*Reflexive Processes and Control*）誌に掲載されたが、その雑誌の中でチャウソフ、エルマクとA・ラスキンによって議論され、推測、シミュレーション、および総合的な計画の実用的な例と見なすことができる。この出版物への寄稿者には、ルフェーブルと多くの西側の研究者が含まれていた。この論文は「予測から反射統制へ」（From Prediction to Reflexive Control）と適切に題名付けられている。この著者たちによると、伝統的な意思決定理論では、敵対者は統制できない要因と見なされ、当然予測の枠組みにつながる。これは、意思決定者がさまざまな状況で相手の潜在的な応答を予測しようとすることを意味する。それに対応して、反射統制を適用することにより、将来を定義することによって予測を置き換えることができる。この著者たちは、反対側への情報メッセージを含む意思決定に言及する際に、反射意思決定（reflexive decision）という新しい用語を紹介する（Lefebvre, Kramer, Kaiser, Davidson & Schmidt, 2003, p.86）。

　この著者たちは、反射統制の二つの潜在的な作戦モデルを提示する。モデル１では、反射統制を適用する当事者に一つの実行可能な選択肢があり、この選択肢に対応する状況に敵を誘導しようとする。モデル２では、反射統制を適用する当事者は、限られた数の「手口（tricks）」に依存することができるが、多数の潜在的な選択肢がある。著者たちによると、湾岸戦争はモデル１の適用例である。有志連合軍はサダム・フセインの個人的な好みを利用して部隊を適切な位置に誘導し、翼側作戦を実行した。エルアラメイン（El Alamein）〔訳注：第二次世界大戦の北アフリカ戦線における枢軸国軍と連合国軍の戦い〕で英国の第八軍が使用した戦術はモデル２の例として与えられている。すなわち、ドイツ人は彼らの行動の基礎として誤った情報を与えられたが、彼らはそれを使用することを決定した（Lefebvre et al., 2003, pp.87–90）。このモデルの二重性は、1984 年にルフェーブルによって提示された認知モデルと情報モデルへの分割と類似している。最初のモデルでは、目的は敵対者の既知の認知的不一致に影響を与えることであり（Kahneman, 2003, p.707 参照）、一方で二番目のモデルでは、敵には選択的な情報が提供される。

　この著者たちの見解では、敵対者は個人だけではなく、その意思決定を支援するための戦略的および戦術的情報にアクセスできるコミュニティであり、さまざまな行動に伴う課題とリスクを評価でき、また反対側の潜在的な対策をモデル化できるとしていることに注意することが重要である。敵対者は、異なる変数を使用して同じ状況を数回再検討するかもしれず、これにより、行動の成功に関する統計的な情報が生成されるであろう。さらに、敵対者は、合理的な方法で行動するか、最良の結果をもたらす可能性のある方法を使用することが期待される（Lefebvre et al., 2003, p.94）。

反対側が反射統制の適用されていることに気付いていない場合にのみ、成功を達成できるとこの著者たちは述べている。しかし、反射統制を適用する当事者は、頭をそちらに向けても関係者を劣等な立場に置かない費用効率の高いモデルを作成することによって、これに備えることもできると指摘している。また、この著者たちは、反射統制は、対立する当事者が互いに収集することを期待できる情報に関するシャノンの情報理論と明らかに類似していると付け加えている（Lefebvre et al., 2003, pp.99–101）。

『Voennaya Mysl』誌のカランケビッチ（Karankevich）による論文は、上記の作戦モデルに関連している。「敵を欺く方法の学び方」（How to Learn to Deceive the Enemy）という題名の論文で、彼は欺瞞の役割を強調し、この見解を支持するいくつかの要因を挙げている。カランケビッチはまた、これらの要因に敵の指揮官の反射統制を含めている。カランケビッチによれば、そのような統制の目的は、反対側の意思決定者が下した決定が、少なくともある程度、敵よりも我にとって有利であることを保証することである。彼はさらに、急いで準備したものが混ざり合った対策に依存することによっては、これは不可能であると指摘を続けた（Karankevich, 2006, pp.142–143）。

カランケビッチによれば、成功には体系的な手法が必要であり、実際の作戦計画と並行して、適切な迂回移動を実行できる迂回計画が準備される（第4章第6節に提示するカザコフとキリューシンのモデルを参照）。その場合、指揮官は敵の意思決定のどちらが彼自身の側に有利であるかを前もって決定しなければならない。カランケビッチはまた、情報技術の使用についても論じ、彼の見解では、情報技術の使用は反射統制の使用と関連している。彼は敵をだますことの役割を強調するだけではなく、今日の状況で欺瞞作戦を実行することの極端な複雑さも強調する。彼の見解では、欺瞞は情報作戦の中核にあり、欺瞞手段は戦略レベルで計画しなければならない（Karankevich,

2006, p.143)。カランケビッチの考えとルフェーブルの手法は、敵が利用できる情報をモデル化し、それを自分の利益に従って形成する（前述）という明確な類似点がある。

　上記の論文は、2008年のロシア―ジョージア戦争において、ロシアがかなり高度な方法を使用して、敵の意思決定に向けられた反射統制をモデル化し、そのような統制を発揮できたことを示している。たとえば、バーガー（Berger）によれば、ロシアの公式メディアは、ジョージア人をNATOと西側諸国が及ぼす反射統制の犠牲者として描いていた。しかし、これはロシア人自身が重要だと考えるものに対するロシアの公式な投影であったかどうかも尋ねることができる(Berger, 2010, p.143)。バーガーは彼自身の研究で、ロシアが適用した反射統制の目的はジョージアを紛争へと挑発することだったかもしれないと示唆している（ibid., p.136)。

　ジョージア戦争（2010年と2011年）の余波の中で書かれた論文で、チャウソフは紛争から学んだ教訓についても議論した（ロシアでは、その戦争は南オセチア紛争として知られており、チャウソフもこの用語を使用している）。

　これらの論文の最初のものは、2010年に『Morskoi Sbornik』誌に掲載された。チャウソフは彼の見解において、反射統制を適用することで解決できる、近代戦の三つの問題を最初に提示している。彼は、1999年の論文と2008年の著書ですでに議論された、1960年代にルフェーブルが提示したものと同様の見解を繰り返している（Chausov, 2010, p.26)。彼の意見では、グローバルな視点と武力戦闘の多様性は、軍事的文脈における現代の反射性の中心にある。

　チャウソフによれば、反射統制の方法は、以前の研究で開発された理論

に基づいて、戦略的、作戦的、および戦術的なレベルで統合されるべきである。軍事指揮官は常に敵の行動に影響を与えようとしたが、反射統制を行使することは、最近の紛争ではこのプロセスの一部に過ぎなかったと彼は指摘する。彼は2003年のイラク戦争を例に取り上げ、その紛争を戦った有志連合国は、過去に使用されたものよりも、もっと正確で効果的な心理作戦と通常兵器を使用したことに言及している（Chausov, 2010, p.28）。

　チャウソフによれば、情報技術、特に指揮統制システムの周囲に伝わりやすい性質は、反射統制の使用を促進する要因である。これにより、自分自身の側が敵の情報ネットワークに侵入し、情報をフィルタリングし、ネットワークアクセスを阻止または制限し、「情報の待ち伏せ攻撃」と罠を設定し、情報を歪めたり、情報を嘘で置き換えたりすることができる。敵の指導者が振る舞う方法の価値基準モデルを作成する能力は特に重要である。これらのモデルは、行動、思考、および感情をまとめたものである。このような活動は、軍事的および政治的指導層向けに偽造された（しかし正しく提示された）情報を放送することによって実行できる。同時に、高官は自国を裏切るよう迫られる。これは、当事者自身の大義に対する一般大衆の支援を生み出し、敵対者の戦意を弱めるのに役立つ。チャウソフはイラク戦争ならびにジョージア─南オセチア間の2008年の紛争（原文のママ）を例として使用している（Chausov, 2010, pp.27–28）。

　彼の見解では、これらの要因は、成功した軍事作戦における敵に対する反射統制の役割を強化するだけではなく、今日の状況におけるそのような作戦の複雑さの例でもある。反射統制方法は調整され、目標、任務、時間、および行動の適切な比率でなければならない。第一に、現代の技術は必ずしも成功の前提条件ではないため、敵の知的資源に対してどのように行動するかを分析しなければならない。技術的に劣る当事者は、主導権を獲得

する方法を見つけるかもしれない、また、決意を持って、敵に意志を強要することができるかもしれない（ibid., p.29）。

　チャウソフは彼の論文でそのような状況で成功を達成する方法を論じている。彼の以前の考えを繰り返して、当事者自身の戦闘作戦を計画することと平行して、敵のための計画もまた準備される総合的で体系的な手法が必要であると指摘する。敵の計画には、敵の意思決定を予測するのに役立つ反射統制活動を含めるべきである。この点で、チャウソフは、カランケビッチ（2006）およびカザコフとキリューシン（2013）の意見に同意しており、彼らの見解は本研究で後述する。チャウソフによれば、指揮官の考えとそれに影響を与えることは、今日の軍事紛争の中心にある。つまり、成功には敵の行動の反射分析が必要であり、それによって敵の行動を誘導する背景要因を決定することができる。チャウソフは、情報環境でこの方法を使用することを非常に重要視している。鍵となるのは、知的資源ならびに情報と情報技術に基づいた戦闘作戦を使って敵の行動を妨害することである。このような状況では、反射技術は、敵の部隊ではなく、敵の作戦に対して統制するために使用される（Chausov, 2010, p.29）。

　チャウソフは、意思決定の背後にあるプロセスの前提は、敵も複雑で反射意思決定プロセスに依存しているため、反対側で意思決定が行われる方法をモデル化して理解する必要があると指摘している。この場合、将来の出来事を予測することができ、敵対者が検討した選択を、当事者自身の部隊が利用できる潜在的で合理的な選択肢と比較できる。このような状況では、反射統制は二つの認知部門で構成される。敵の計画の構造上の詳細と、敵が当事者自身の計画にどの程度精通しているかに関する情報である。これらの二つの部門は、当事者自身の部隊の観点から行動をどのように計画すべきかについての基礎を提供する（Chausov, 2010, pp.31-32）。これらの認知

2.
理論的な起源と反射統制の進化

部門は、コモフ（1997）によって論じられた攻勢的および防勢的情報戦や、敵の計画を知るというルフェーブルの考え（Lefebvre, 1967）に似ている。

　彼の論文では、チャウソフは、反射統制機能を考慮に入れた敵に対する計画を準備するためのモデルを提示している。彼は、敵を統制することは、単に指揮官の直感に基づくことはできないと付け加える。それは単に偶然、有利な地形や気象条件、または敵による誤りの活用に基づくことはできない（Chausov 2010, pp.30–32）。

　2011年に発表された論文で、チャウソフは同じテーマを続けており、技術的に劣る当事者が主導権を獲得して敵に自分の意志を強要する方法を見つけるかもしれないと述べている。これらの方法のうち最初のものは、紛争の焦点を戦闘システム間の対立から知的情報の対立に移すことである。二番目の方法は、反射統制を適用することである（Chausov, 2011, p.30–31）。軍事紛争の当事者は、複雑で動的な相互依存の戦闘システムである。階層構造と垂直構造に加えて、水平方向の特性もある。彼らは、活動の目的、情報、また特に指揮官の意志を共通の特徴として持っている。シャウソフは、現代の戦争では思考が鍵となる武器であり、緊要な要素であると述べている。このため、指揮官や他の将校の知的能力を高めることにより、統制をより効果的に発揮することができる（ibid., p.32）。

　チャウソフは、軍事的対立において統制を行使するための鍵は、敵対者に統制側当事者の利益になる方法と隊形を適用させることであると結論付けている。指揮官の考えとそれらに影響を与えることが主な役割を果たす。その結果、成功を達成するには、紛争中に双方から発信される情報を反射分析する必要がある（情報、思考、および行動の統合）。この手法を使用して、展開の背後にある要因を特定し、正しい行動方針が選ばれる（Chausov, 2011, p.34)。

　上記の論文からの結論は、2000 年代の最初の 20 年間にロシアでシステム間の反射に基づく統制の理論的発展が続いたと同時に、軍事作戦でそれを使用する取り組みもなされたということである。この発展段階はまた、サイバネティックスと心理学からほぼすべての科学分野への反射の視点の拡大（Semenov, 2017）と、これに関連して、米国とロシアでルフェーブル、レプスキー、ノビコフ、およびトーマスといった研究者によって実行された業績によって特徴付けられた。これらの発展により、ロシアでは、反射性は人事管理といった分野に関連する概念になった（Giles, Seaboyer & Sherr, 2018, p.5）。同時に、特に情報作戦（情報操作）から生じる機会に関連していた場合、反射統制は新しい形態を取った。

2.6.6　最新の理論的な議論と反射統制の使用

　2010 年以降、反射統制の最新の段階が始まったと考えられている。これらの年では、ロシアはジョージアでの戦争の教訓を生かして、軍の実力を強化し、新しい軍事力を構築し始めた。さらに、2010 年にロシアは新しい軍事ドクトリンを発表し、NATO は潜在的な敵として公然と名指しされた（Lalu, 2014, pp.350–354）。衰退の時代は終わった。

　多くの研究で示唆されていることに反して（Giles, Seaboyer & Sherr, 2018, p.4 など）、反射統制の概念はロシアの軍事誌やその他の公開フォーラムでまだ議論されており、その 2010 年代の実用的な応用を再定義する試みが行われた。ロシア語版ウィキペディアのその主題に関する記事（Wikipedia. ru, 2019）で使用されている児童文学や映画からの例に示されているように、反射統制の概念はより広い文脈にも現れている。

　また、2011 年に発表された情報心理戦の簡単な百科事典（Veprintsev, Manoilo, Petrenko, Frolov, 2011）に列挙されているような、反射の新しい定義もある。ヴェプリンツェフ他（Veprintsev et al.）によって記述されたモデルによれば、反射統制は、最初に個人またはグループを操作するために使用される技能であり、次に、社会的な統制を行使するための方法である。この著者たちによると、反射統制は敵の心理モデルの作成に基づいている。モデルは、望ましい応答をもたらすであろう情報刺激を生成するために使用できる。実際、著者たちは彼ら自身の言葉によると、彼らの手法はユングの心理学に基づいている（Veprintsev, et al., 2011, pp.446–448）。同様の反射性の説明は他の出典にもあり、同様の説明が使用されていたとしても、サイバネティックスとシステム理論への元の参照はそれらのほとんどから削除されている。

　本研究のため引用した論文は、ルフェーブルのサイバネティックスの観点から検討され、反射統制の現在の状態を論じているものを選択した。その理由は、それらを使用することにより、理論は新しい異なる側面から検討でき、過去の論文の内容を繰り返すだけではないからである。これらの論文で最初のものは、その題名が、ヴァレリー・マクニン（Valery Makhnin）によって書かれた「軍事術における反射プロセス：歴史的脳神経学的側面（Reflexive Processes in Military Art: The Historico-Gnoseological Aspect）」である。『Voennaya Mysl』誌によると、マクニンはロシア空軍の作戦技能と戦術の第一人者であり、彼の論文では、反射統制の歴史について議論し、過去の例を使用して反射機能を説明している。マクニンはまた、以前の理論で提示された定義を、情報パケットまたは模擬（simulacra）の送信に基づく反射統制を記述する新しい方法と組み合わせている。マクニンによる論文は、トーマス（2015）がウクライナでの反射統制の使用について説明するとき

にも使用されている。この論文は当初、『情報戦』誌（Makhnin, 2012）に掲載され、わずかに短縮された形式で、ロシア語と英語で『Voennaya Mysl』誌に異なる題名で再発行された（Makhnin, 2013a, 2013b）。

　マクニンは最初に反射の歴史を見て、その起源をプラトンとデカルトの哲学に見出す。次に、対抗する戦闘システムの反射プロセスを特定し、人間の心を説明するための基礎を提供したルフェーブルの元の考えについて説明する。マクニンによれば、イオノフ、ドルズニン、コントロフなどの研究者がこの研究に基づいている（Makhnin, 2013b, p.32）。

　マクニンは、反射性の利点を一覧にした以前の議論を提示し、プロセスに反射性の要因を含めることで、作戦計画と意思決定のための新しい予測モデルを作成するのに役立ったと記述する。この反射手法は、情報心理的影響を使用する技法、手段と段階を計画し、実施するための基本となる反射方法論を利用する。チャウソフのように、マクニンはまた、情報次元で、認知段階で、社会文化段階で、また物理的に機能する戦闘システムを通じて、反射的影響が達成できると指摘している。マクニンは続けて、成功を活用する能力を破壊し、元の計画を拒否し、非合理的な決定を強制するために使用される行動として、敵対者に対する反射統制を定義する。彼はまた、反射統制作戦が計画され、実施されるとき、自分たちの部隊をそれらから守るための対策もしなければならないことにも言及する（Makhnin, 2013b, p.34）。

　マクニンは反射統制の理論に新しい概念を導入する。彼が模擬と呼ぶ概念は、以前に使用された「情報パケット」に匹敵するが、その起源と複雑なまたは疑念のある関係を発展させたコピーまたは表現を記述するための哲学的概念としてより広く使用されている（Tieteen termipankki, 2019）。模擬

は、マクニンによれば反射システムによって生成されるシミュレーションの影響から生じる刺激を指している。これらの刺激に基づいて、敵の戦闘システムは意思決定を行い、自分の目標を達成する必要があることを理解して、反射統制を発揮するシステムを提供する。戦闘システム間の反射プロセスの組織は、統制されたシステムに関心地域、動機付け、統制されたシステムが統制するシステムの利益となる意思決定をした結果としての理由を提供する手段の発展や手段（模擬の送信）実行として現れる（Makhnin, 2013b, p.34）。

　マクニンは、反射プロセスが特定の段階を通じてすべてのレベル（戦略、作戦、および戦術）でどのように進むかを説明する。最初に、敵対者は、外部情報を基礎として使用して状況の観察を生成する。この情報は自由に整形できるため、それに基づいたイメージは敵の行動に望ましい効果をもたらす。敵対者に対する反射統制には、統制された標的が状況を理解する方法に影響を与える反射要因を考慮して実行される、ねらい定めた行動が必要である。これを達成するために、統制システムの意思決定者は、統制されたシステムによって作成された状況図に影響を与え、自分自身の部隊が目標を達成するのに役立つ方法を考え出さなければならない（Makhnin, 2013b, p.35）。

　マクニンによれば、反射変化は集中的な三段階の行動である。それは、プロセスへの入力（望ましい実世界の対象）、望ましい方法で入力を修正すること、および出力（反射影響を受ける標的）で構成される。このプロセスに従って、当事者が特定の瞬間に敵に反射的影響を及ぼしたい場合、入力は反射変換を受け、結果としての出力はすぐ後で敵の行動に影響を与える（Makhnin, 2013b, p.35）。

図5　入力の反射変換（Makhnin, 2012）

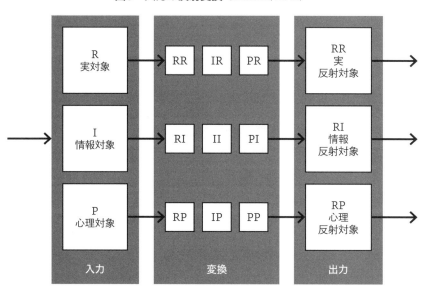

　上図に従って、変化を生成するさまざまな方法を定義できる。マクニン
は、現実世界の対象物、情報世界の対象物の変化、心理的影響の変化、お
よび結果として得られる模擬の分類を提示する。これにより、情報作戦の
概念を超えて反射統制の概念を拡張する。

　彼の見解では、入力は三つの方法で反射の現実世界の対象物に変換でき
る。それらのうちの最初のものは、現実世界の物質から作られた現実の反
射対象物である（上図では RR として示されている）。敵の意思決定に影響を与
える地雷の埋設は、この具体的な例である。二番目の方法は、情報世界の
対象物で構成される現実の対象物であり、三番目の方法は、内部心理モデ
ルを使用した現実世界の対象物の生成を含む（Makhnin, 2013b, p.35）。

　マクニンによると、入力は二つの方法で情報世界の反射対象物に変換で

きる。最初の例は、現実世界の対象物を情報（RI）に変換することである。敵の標的の写真や赤外線画像は、この具体的な例である。二番目の変化は、情報世界の対象物の情報への変換（II）である（ibid., p.36）。

　入力は、三つの方法で心理的反射影響に変換することもできる。最初の例は、現実世界の対象物を心理的影響に変換する（上図では RP として示されている）。二番目の変化（IP）は、情報世界の対象物または現実の対象物の情報代替物が心理的影響に変換される状況である。最後の変化は、心理的対象物を心理的反射（PP）に変換することである。指揮官の心の働きがその一例である（ibid., pp.36-37）。

　マクニンによると、上記の変化は二つの部分に分けることができる。一つ（RP、PR、IP および PP）は人間が役割を果たす変化を構成し、もう一つ（RR、RI、IR および II）の変化は人間の行動は無関係である。マクニンの見解では、敵を欺くことが目的であった過去の経験と作戦計画を分析することにより、敵対者への反射的影響は、模擬（真実と知覚される誤った情報）を使用して、上記の方法で達成されたことが注目される（Makhnin, 2013b, p.37）。

　マクニンの見解では、反射的影響の重要な要素は次のとおりである。1）影響を生み出す入力、2）入力の順序、および 3）情報パケットの作成に使用される手順。四番目に重要なことは、敵が使用している反射手法を特定し、それに対して保護対策を講じなければならないことである。ルフェーブル他と同様に、マクニンも反射統制を適用するための二つの異なる原則を特定している（Lefebvre et al., 2003 参照）。最初の原則は、事前に決められた模擬（simulacra）を使用して敵が望ましい行動方針を選択するように誘導できることである。二番目の原則は、漠然とした一連の行動で模擬（simulacra）を使用することである。これは、敵がその情報を自身の行動の基礎として

使用し、いくつかの異なる選択肢から選択できることを意味する。敵が選択した選択肢に基づいて、自分自身の行動を形成することができなければならない（Makhnin, 2012, pp.52–53）。

　以前の研究者とは異なり、マクニンは、意思決定者は、反射的影響を計画して行使するとき、敵のイデオロギー、歴史、または訓練方法に完全に精通している必要はないと考えている。彼の意見では、軍事計画者は敵の戦闘システムのもっとも弱い点を見つけ（Leonenko, 1995 参照）、そこを攻撃してシステムを崩壊させ敵に対応を強要しなければならない。マクニンによれば、合理的な型にはまったアルゴリズムをまったく新しい方法と戦術で置き換え、敵に奇襲を与える場合、反射行動がもっとも効果的である。同様に、反射行動は、敵の指揮統制システムの構成物を一つずつ麻痺させることにより、それを混乱させることができる（Makhnin, 2013b, p.43）。

　ルフェーブルと同様に、マクニンは反射行動を創造的および破壊的な部類に分類する。創造的な反射行動は、敵の目標がわかっている遅い速度の戦闘で使用できる。その場合、指揮官と彼の幕僚は状況を分析し、それがどのように発展するかについて結論を出す時間がある。十分に前もって準備された計画は、状況が想定どおりに進展していない場合は修正できる。戦闘状況が急激に変化する場合は、より迅速な行動が必要である。その場合、訓練と経験に基づく指揮官の決定は、通常、破壊的な反射行動につながる（Makhnin, 2013b, p.4）。マクニンによって提案されたこの区分は、研究目的の反射統制モデルを作成するために、ルフェーブルの同様のモデルと組み合わせて使用されている。

　マクニンの考えはカザコフとキリューシンによってさらに取り入れられ、後に V・ラズキンによっても取り入れられた。2013 年から 2014 年の

これらの著者たちの二つの論文は、当事者自身の部隊を統制し、戦術レベルで敵を統制する能力を発展させることを目的とした、二つの段階の戦闘作戦の統制について説明している。

『Voennaya Mysl』誌に掲載された彼らの最初の論文で、カザコフとキリューシンは行動の根拠を議論している。二人は、反射理論から実践に移り、すでになされた発見を適用する現実的な方法を見つける必要があることを示唆している。彼らの言葉では、カザコフとキリューシンは、敵を統制し、実際に二段階統制を適用する方法、または意思決定者に直接隷属していない部隊を統制することが可能かどうかに焦点を合わせている（Kazakov & Kiryushin, 2013, p.144）。

　この著者たちは、反射統制の文民プロセスとは異なり、この場合は敵を統制する問題であることを指摘している。既存の研究を参照して、彼らは任務指揮を軍事的な交戦に適用することによって主題に取り組む。したがって、筆者は統制の概念を1）任務指揮（当事者自身の部隊に指令された任務に基づく戦術；ロシア語：командного управления）、および2）反射統制（敵の部隊に及ぼされる秘密の統制）に区分し、主題についてすでに公開されている論文および研究の視点を拡大する。この著者たちは、戦闘任務の実行を統制するこれらの二つの手法の違いを強調している。反射統制と任務指揮を組み合わせることで、当事者自身の部隊を操作して敵の行動を統制し、方向付けることを目的とする二段階統制の効果が高まる。彼らはこれを反射優勢と呼ぶ（Kazakov & Kiryushin, 2013, p.145）。

　カザコフとキリューシンは、ルフェーブルの理論と上記のマクニンの考えを組み合わせて、マクニンの見解では、反射統制の鍵は、敵が新しい情報を使用するのを妨ぐ影響を生み出し、敵の創造性を麻痺させ、敵が潜在

的な戦闘能力を最大限に発揮することを防ぐ機会であると指摘する（ibid., p.146）。

　しかし、反射統制の研究者にとって、反射統制に重要なメッセージ（敵が意思決定の基礎として使用する情報パケット）を特定することも同様に重要であると指摘している。マクニンと同様に、彼らは「模擬（simulacrum）」という用語を使用することを推奨している。彼らの見解では、それは欺瞞的な目的で使用される情報パケットのための適切な理論的基礎を提供する。彼らは、そのような情報パケットは、代表的なものと非代表的なものの二つの一般的なモデルに分割する必要があると記述している。代表的な情報パケットは、コピーのコピーである（本物のふりをしている）。反射統制の文脈においては、そのような情報パケットは、当事者の意図を隠したいときに使用される。その情報は部分的に誤っているが、その唯一の目的は、実在する情報を隠し、敵をだますことである（Kazakov & Kiryushin, 2013, p.146）。

　一方、非代表的情報パケットは、実物のコピーだと見せかけない。その目的は、元の事象の覆いとして機能し、事象、行動、あるいは出来事に関する誤った情報を伝えることである。カザコフとキリューシンによると、これらの二つの内容に基づく情報モデルは、反射統制の両面であり、独自の理論的な戦闘統制モデルにおける反射相互作用の基礎として使用する（ibid., p.147）。彼らの見解では、ルフェーブルによって使用された「地図」と「ドクトリン」の概念は、軍事的な文脈で使用されたときには再考されるべきである。地図とは、戦いの客観的現実の説明またはモデルである。それは主観的（指揮官の頭の中）または客観的（紙の上またはコンピューターファイルとして）かもしれない。カザコフとキリューシンは、反射優勢のための解決策を提供するアルゴリズムとして、ドクトリンの概念（これは、ルフェーブルに加えて、他の多くの反射統制の研究者によっても使用されてきた）に取り組む。彼

らのドクトリンには、「フィルタ」も含まれ、これは、1960年代から1990年代の研究概念としてすでに使用されており、指揮官が関連情報を無関係な事実から、正しいものから間違った詳細情報を分離するなどのために使用されている（Kazhakov & Kiryushin, 2013, p.147）。

　この著者たちによると、ドクトリン（フィルタ）を理解することは、部隊が任務を実行するために使用できる方法、技法、および選択肢を特定するのに役立つ。彼ら自身の言葉では、彼らの目的は実際的な指示を準備することであり、彼らはまた、一般的な意思決定と戦場における計画を準備することは特に、任務指揮と反射統制を効果的に組み合わせることができる領域であるとも記述する。二段階統制の両方の要素を個別に使用するできるものの、効果的な二段階統制行動を実行できるように、それらの間の一貫性が必要である。カザコフとキリューシンは、上記が受け入れられれば、意思決定のための効果的なアルゴリズムを作成でき、それを手続きの法則に組み込むことができると指摘している（Kazakov & Kiryushin, 2013, p.148）。

　V・ラズキンとともにカザコフ、キリューシンは、2014年に『Voennaya Mysl』誌に掲載された別の論文で、同じテーマについて発表を続けた。彼らは以前の論文で、研究は、二段階統制を含むように拡張されなければならないと提言したと指摘し、その統制においては当事者自身の部隊と敵の部隊に対する統制が、先進技術と反射統制方法を使用して組み合わせられる。しかし、彼らは、この理論が指揮統制に適用される前に、さらに発展させなければならないと付け加えている（Kazakov, Kiryushin & Lazukin, 2014a, p.136）。

　この著者たちによると、現在使用されているモデルの焦点は、任務の準備と実行を隠すことである。これではもはや十分ではなく、当事者自身の

部隊の任務指揮と敵に対する反射統制を組み合わせる方法が必要である。彼らの見解では、任務指揮と反射統制を同期させる方法を見つける必要があり、それは異なる目的のために作成されているからである。しかし、計画および実行中に、連続する情報パケットに基づいて、反射統制と任務指揮の要素を時系列においてどのように組み合わせることができるかを説明することが重要である（Kazakov, Kiryushin & Lazukin, 2014a, pp.136–138）。

　彼らの見解では、行動の背後にある基本的な考え方が形成されるとき、

図6　反射統制と任務指揮方式の時系列接続
(Kazakov, Kiryushin & Lazukin, 2014b)

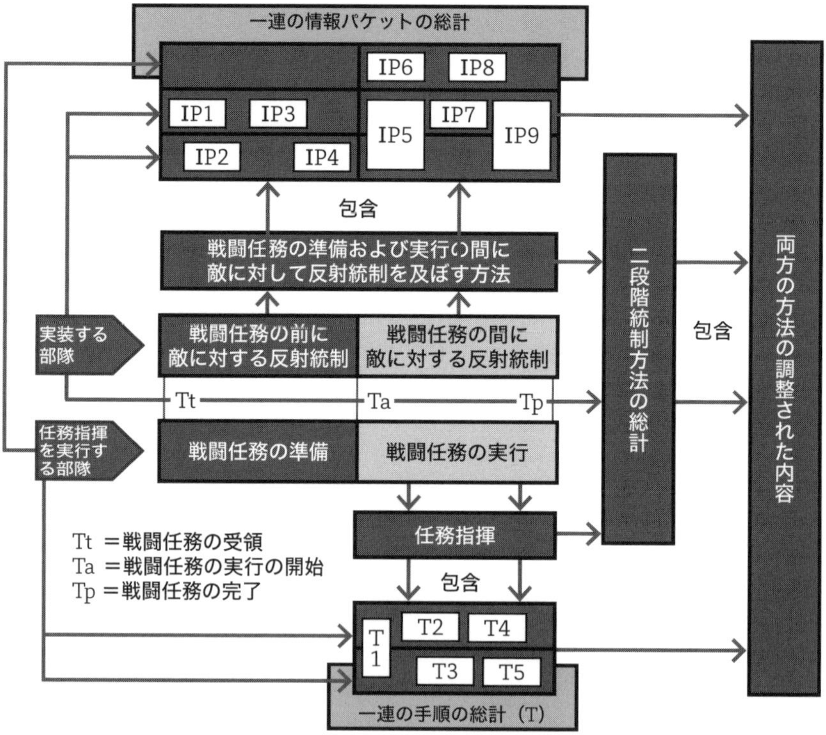

任務が割り当てられた後、任務指揮と反射統制行動の両方の要素が同時に作成されるべきである。両方の行動の準備も同時に開始されるべきである。意思決定の順序がすでにわかっている場合、意思決定のために選択されたモデルと互換性のある同様の操作モデルも、反射統制の計画のために開発されるべきである（ibid., pp.137-139）。

　この著者たちによると、二段階統制の各段階で、任務指揮業務と反射業務に十分な戦力を割り当てなければならない。一定数の部隊を反射統制作戦のために確保しておかなければならないが、戦闘部隊を再配置して反射統制任務を実行することもできる。カザコフらによると、タイミングが鍵となる優先事項であるべきである。

　――準備段階では、反射統制に従事している部隊は、戦闘任務の割り当てからその実行までの時間を使用して、事前に計画された業務を実行し、状況を当事者自身にとってより有利にしなければならない。戦闘任務を実行する部隊は、当事者自身の行動を自ら準備する。
　――戦闘任務中、戦闘部隊と反射統制に従事している部隊は、同時に作戦を開始しなければならない（Kazakov, Kiryushin & Lazukin, 2014a, p.139）。

　この著者たちによると、敵に対する反射統制を達成するのに役立つ手順の実装は、敵への情報パケット（IP）の送信によって開始する（Lefebvre, 2003, p.90, Makhnin, 2013 参照）。情報パケットは、敵が自身のシステムへの入力として受け入れるように準備された、代表的または非代表的模擬であるかもしれない。これらの情報パケットは反射統制の主要な道具として使用され、敵を反射統制するための基礎として使用できる（Kazakov, Kiryushin & Lazukin, 2014a, pp.139–140）。

　カザコフ、キリューシン、および V・ラズキンによれば、敵を反射統制する方法は、自分の部隊が成功裏に戦闘任務を実行できる条件を作るために敵に送信された情報パケットの連続した総合体として定義することができる。彼らは、各情報パケットが架空の状況を記述し、実際の状況や当事者自身の部隊の行動を秘匿する試みを追加して、この定義を拡張する（Kazakov, Kiryushin & Lazukin, 2014a, p.140）。

　戦闘任務中にどの情報パケットが送信されるかという基礎となるアルゴリズムを準備し、将来の任務をより効果的に実行できるようにすることが重要である。彼らの論文においてカザコフらは、戦闘任務を実行するための循環モデルを作成し、このモデルに従って二段階統制を行うべきであるとした。それは戦闘任務の割り当てから始まり、状況評価がそれに続き、そこでは、指揮官は上級指揮官によって準備された計画に従って反射統制を実行する際に、自身の経験を使用する。同時に、指揮官は自分自身の反射統制の方法の開発を開始し、戦闘任務を実行する方法の選択肢を比較する。モデルの全体像を次図に示す。

　戦闘任務中の変更を含む、状況に関するすべての利用可能な情報は、二つの異なる方法で指揮官によって見直されるべきである。

　第一に、情報反射によって、敵が使用する状況図と敵の可能行動が分析される。この反射の目的は、敵が当事者自身の戦力とその潜在的な行動について知っていることを確認することである。これは、敵が使用する偵察方法、それらの能力と位置を分析し、敵が収集した情報を処理する能力を評価することによって行われる（Kazakov, Kiryushin & Lazukin, 2014a, p.140）。

　第二に、指揮官は認知反射を適用しなければならない。このプロセスにお

図7　二段階統制の循環（Kazakov, Kiryushin & Lazukin, 2014b）

二段階統制モデルにおける戦闘任務の実行サイクル

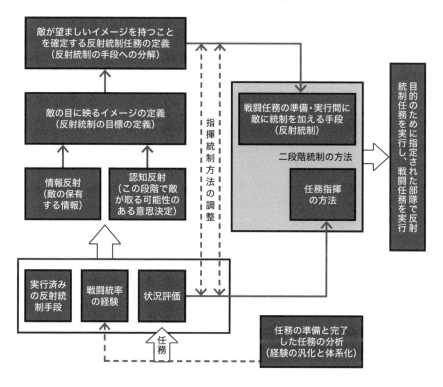

いては、意思決定を行う際に敵が使用する基準の評価と、この意思決定プロセスの背後にある敵の指揮官の個人的な性格の評価が生成される。認知次元は、意思決定プロセスにおける鍵となる要素である。これは、戦況の認識と意思決定の背後にある要素を分析するための手段を提供する（Kazakov, Kiryushin & Lazukin, 2014a, p.140–142）。

　これらの二つの行動に基づいて、指揮官は敵が自分の部隊をどのように見ているかを示す状況図を作成できなければならない。彼は自分の部隊が

取った行動に対する敵の反応を防ぐために努力しなければならない。指揮官は、情報反射および認知反射を使用して、特定の状況図を作成し、この図は、状況を視覚化し、関与する個人の数を増やすコンピューターシミュレーションによって補足できる（Kazakov, Kiryushin & Lazukin, 2014a, p.142）。

　次の段階では、指揮官は、敵に特定の数の情報パケットを送信することにより、敵に自分の部隊の好意的なイメージをどのように提供できるかを決定する。指揮官は、実際の状況と自分の部隊の状態を把握し、任務を遂行するために敵に何を伝えなければならないかを決定し、反射統制の目標を設定する。これに続いて、指揮官は目標を自由に使える兵力と比較し、目標を反射統制タスクに分解し、戦闘任務の前と最中の優先順位を決定する。このようにして、反射統制任務を遂行するための枠組が準備される。指揮官は各反射統制任務に部隊の派遣を割り当て、これらの派遣の任務は特定の情報パケットを特定の順序で送信することである。これらの各任務は慎重に準備され、任務指揮方式と調整されなければならない。これは、任務指揮方式と反射統制の同期、計画プロセス中に詳細を指定するプロセス、およびそれらの共同実装が、二段階統制方式で優先される方法である。戦闘任務の各段階は分析を伴って結論付けられるべきであり、そこでは、これらの二つの方法の結果が再検討され、その結果が次の段階と任務の実行に使用される（ibid., pp.142–143）。

　状況と任務に応じて、これら二つの方法の優先順位は異なり、戦闘に従事している部隊の統制を犠牲にして反射統制を継続する方が有利な場合がある。指揮官が反射統制の有効性を強化したい場合、彼は反射統制の代替手段を開発し、それらを彼の戦術的決定と組み合わせることができる情報心理戦に特化した部隊を持っているべきである（Kazakov, Kiryushin & Lazukin, 2014a, p.143）。この著者たちによると、行動の隠蔽から二段階統制への移

行があり、戦闘部隊と反射統制タスクを実行する部隊との調整を確立するための措置が講じられている場合、戦闘任務はより効果的に実行できる（Kazakov, Kiryushin & Lazukin, 2014a, p.143）。

　最後に、この著者たちは自分たちの理論を、本研究ですでに説明した『Voennaya Mysl』誌の論文とリンクさせ、理論は過去の多くの矛盾を許容できるほど柔軟であると結論付けている。実際、その文章はカランケビッチとチャウソフによって提示された考えといくつかの類似点があるが、カザコフ他は、より明確で実用的な形でそれらを提示している。

　ロシアの防空軍の上級将校であるアレクサンドル・ラスキン（Alexandr Raskin）は、反射統制に関する討論の興味深い補足文で、2015 年にソーシャルネットワークとソーシャルメディアでの反射統制について議論している論文を発表した。A・ラスキンの考えは、上記で説明した情報パケットの送信と比較できる。A・ラスキンによると、ソーシャルメディアなどの手段により、個人に関する詳細情報を収集でき、この情報を使用して個人の行動を操作することができる。ソーシャルメディアを使用して、世論は関係国の軍事政治指導部に反応を強いる方法で変更できる。同時に、指導部が無能なものとして見えるように、国民の意見に影響を与える可能性がある。このような作戦は、軍事政治的指導部の影響を軽減し、公的機関の業務を妨害することができる（Raskin, 2015, pp.15–16）。

　A・ラスキンによると、ソーシャルネットワークを介した反射統制は、この目的に特に適している。その場合の目的は、敵の意思決定に大きな影響を与える調整された構造に組み込むことができる、個々のユーザーに合わせた情報パケットを構築することである。ソーシャルネットワークは、個人の行動とその信念に影響を与えるために使用でき、そのような行動は、

適法な「工作員」の使用の基礎を提供する。A・ラスキンはさらに、論文が発表されたときにロシアで承認された「外国工作員」に関する法律は、この種類の反射統制を確実に防ぐことができるようにするために必要であると指摘した（Raskin, 2015, pp.16–17）。A・ラスキンの見解は、ロシアの兵士がソーシャルメディアに資料を公開し、勤務中に高性能な端末装置を使用することを禁止する計画と一致している（Roth, 2019）。ロシアで実施された理論的な作業は、画像と地理データを送信することに加えて、これらのソーシャルネットワークが兵士の思考に影響を与える手段としても機能することができるということを国の指導部に痛感させたようである。

　最近の進展から、ロシアは戦闘任務中に敵を反射統制する方法を構築することに取り組んでいると結論付けることができる。カザコフ、キリューシン、およびV・ラズキンが発表したモデルは、反射統制と任務指揮を組み合わせて、同じ目標を達成し、部隊の使用を調整する手段とする。これを、敵に送信されたすべての情報パケットが反射の観点から分析される総合的な行動としての反射統制に対するマクニンの取り組みと組み合わせると、最終的な結果は、敵に対する影響を行使する総合的な理論となる。振り返ってみると、ロシアは多かれ少なかれ、ソーシャルメディアでA・ラスキンが彼の論文で説明した方法で活動してきたと言える。選挙に影響を与える試みはこの一例であるが、同様の活動もクリミアなどの軍事作戦中に情報操作の一部として行われた。兵士がソーシャルメディアで情報を共有することを禁止することもこれに関連しているかもしれない。

3. 適　用

3.1　反射統制のモデル

　本研究では、反射統制に関するさまざまな定義がすでに提示されている。ルフェーブル自身は 2010 年に、反射統制は、関与する当事者、当事者間の関係、当事者が意思決定する際に利用可能な選択肢からなる数学的モデルに基づいており、反射方程式を作成し、この方程式を解くと、反射統制が実現可能で、最善の結果をもたらす領域が特定されると述べている (Lefebvre, 2010, pp.82–94)。

　この定義を補完するために、反射統制を論じたまた上記に示した出典に基づいて、モデルを作成した。このモデルは、リッケ（Lykke, 1989）が戦略のために作成した「目的―方法―手段」(Ends-Ways-Means) の区分を用いて、反射統制の行使方法からその目標までのすべての側面を網羅している。このモデルの本質的な特徴は、ルフェーブル（1984b）とマクニン（2012）が示した考え方に従って、反射統制が二つの実装に分けられることである。すなわち、敵が望ましい意思決定を行うように誘導することを目的とした手順を採用する建設的な（創造的な）実装と、敵の意思決定（方法）を弱め、混乱させようとする方法を採用する破壊的な実装である。このモデルは、さまざまな種類の反射統制 (Lefebvre, 1984b; Lefebvre et al., 2003; Makhnin, 2012)、さまざまな形態の統制入力 (Makhnin, 2012)、およびさまざまな反射統制を発揮する方法（手段）にも特徴がある。このモデルでは、これらすべての要

因を組み合わせて、影響を与える取り組みの標的となる軍の指揮システムの領域（目的）を示している。

　このモデルでは、（自国の軍隊や国民ではなく）敵に対する統制を実行するために利用される特性に焦点を当てており、この方法の反射方程式は構築されていない。これは、反射統制を適用する当事者が、事前に準備された計画に従って標的システムとその意思決定者を統制する2次のサイバネティックシステムの一部になろうとするという考えに基づいている。このモデルは三つの別々の表に示されている。表1には建設的方法の評価、表2には破壊的方法の評価が含まれている。表3は、さまざまな標的に対する望ま

表1　方法と標的──建設的／創造的方法

実装、種別、入力、方法および標的によって分類された反射統制モデル

反射統制の実装 (Lefebvre, 1984b, Makhnin, 2012)	反射統制の種別またはモデル (Lefebvre, 1984b,; Lefebvre et al., 2003; Makhnin, 2012)	反射統制入力 (Makhnin, 2012)	反射統制方法 (出典)	標的 性格および個人的行動	指揮官の	準備する計画	指揮官と幕僚が	意思決定支援システム	指揮統制システム	作戦環境
建設的／創造的	情報操作 (IO)	現実 (RE)	圧力および脅威（武力の誇示）(1, 3, 5, 6)	×						×
			挑発、部隊移動および行動 (3, 6, 9)	×						×
		情報 (I)	説得、暗示、および鎮静化 (5, 6)	×			×			×
			被統制システムへの意思決定目標、動機、あるいは根拠の伝達 (3, 9)				×			
			二つの当事者間の双方向連絡を活かすこと (3)	×						×
	認知 (CG)	心理 (P)	関心領域と要因ならびに当該関心の背景理由の特定 (4, 5, 7, 8, 9)	×						

出　典：(1) Ionov, 1971　(2) Druzhin & Kontorov, 1976　(3) Reid, 1987　(4) Leonenko, 1995　(5) Ionov, 1995a (6) Komov, 1997　(7) Karankevits, 2006　(8) Chausov, 2010　(9) Makhnin, 2012　(10) Kazakov, Kirjushin & Lazukin, 2014

表2　方法と標的─破壊的方法

実装、種別、入力、方法および標的によって分類された反射統制モデル

反射統制の実装 (Lefevbre, 1984b, Makhnin, 2012)	反射統制の種別またはモデル (Lefevbre, 1984b,; Lefevbre et al., 2003; Makhnin, 2012)	反射統制入力 (Makhnin, 2012)	反射統制方法 (出典)	指揮官の個人的性格および行動	指揮官と幕僚が準備する計画	意思決定支援システム	指揮統制システム	作戦環境
破壊的	情報操作 (IO)	現実 (RE)	デコイと偽装の手段による敵の偵察システムの欺瞞 (1, 2, 3, 4, 5, 7)		×	×		×
			指揮所および指揮官の攻撃 (5)		×	×	×	
			適時に敵に反撃させたり、または敵を徐々に破壊したりする行動をとること (1, 5)	×	×			
		情報 (I)	威嚇、不確実性の拡散、無慈悲、および寛大な措置 (3, 5)	×	×		×	
			偽造されたまたは歪曲された情報を使用して敵の信用を落とすこと (5, 8)	×				×
			偽情報や統制された漏洩により状況と状況認識を形成する方法に関する敵の理解に影響を与えること (1, 2, 3, 5, 10)	×		×		
			情報、行動、ドクトリン、あるいは即応で敵の意思決定メカニズムを過負荷にすること (1, 5, 9, 10)	×	×	×	×	
			当事者自身の部隊が送った情報の統制または情報への敵のアクセスの制限 (5, 8, 9, 10)	×	×	×	×	
	認知 (CG)	現実 (RE)	連合の構築および反逆者の誘惑 (3, 5, 8)		×			×
			奇襲攻撃および奇襲要素の活用 (1, 5)		×			×
		情報 (I)	敵の既知ドクトリンの活用または敵の反射統制の実行あるいは過去の紛争の模擬の試み (3, 5)		×	×	×	×

出　典：（1）Ionov, 1971　（2）Druzhin & Kontorov, 1976　（3）Reid, 1987　（4）Leonenko, 1995
（5）Ionov, 1995a　（6）Komov, 1997　（7）Karankevits, 2006　（8）Chausov, 2010
（9）Makhnin, 2012　（10）Kazakov, Kirjushin & Lazukin, 2014

表3　反射統制の目標（標的による）

標 的					
指揮官の個人的特性および行動 (1, 2, 3, 4, 5, 6, 7, 9, 10, 11, 12)		指揮官と幕僚が準備する計画 (1, 3, 4, 5, 7, 8, 9, 11)		意思決定支援システム (1, 2, 4, 5, 6, 9, 11, 12, 13)	
建設的：	破壊的：	建設的：	破壊的：	建設的：	破壊的：
指揮官の考え、行動および意志を変えること 個人的特性を活用すること 個人的「フィルタ」を特定すること 目標の選定に影響を与えること	望ましい意思決定を伝達すること 即応レベルを下げること 指揮官に圧力をかけること 創造性を麻痺させること	敵に対して利用できる選択肢およびそのアルゴリズムを特定すること 部隊や組織の目標および状態を特定すること 状況理解を管理すること 敵の計画に対する目標を作成すること 敵の計画を特定すること 正しい刺激を送ること	敵の計画に対する脅威を作り出すこと	敵の状況認識に影響を与えること 敵の状況評価に影響を与えること システムが収集した情報を統制すること 情報をフィルタリングし、それを自分自身の情報で置換すること 敵の偵察能力を評価すること	敵が新しい情報を利用するのを阻止すること

指揮統制システム (6, 9, 11)		作戦環境 (2, 4, 6, 10)		出典：	
建設的：	破壊的：	建設的：	破壊的：	（1）Lefebvre, 1968 （2）Ionov, 1971 （3）Druzhin & Kontorov, 1976 （4）Reid, 1987 （5）Leonenko, 1995 （6）Ionov, 1995a （7）Komov, 1997 （8）Karankevits, 2006 （9）Chausov, 2010 （10）Chausov, 2011 （11）Makhnin, 2012 （12）Kazakov, Kirjushin & Lazukin, 2014 （13）Lefebvre et al., 2003	
意思決定アルゴリズムに影響を与えること	指揮システムを通じて伝達された情報を歪曲すること システムの解体を引き起こすこと	世論に影響を与えること	意思決定のタイミングに影響を与えること 敵を過去の紛争と「関連付けること」 意思決定者の信用を落とさせ、嫌疑を喚起すること		

しい影響の見積もりを示している。

　上記のモデルは、建設的な反射統制を利用した実装が三つの入力のいずれにも基づくことができることを示している。現実の入力は、我の行動に基づいており、情報と心理の入力は、我に対して有利である敵の意思決定者に対して作成した出発点または状況データに基づくものである。これらの入力を基にして、敵が自発的に、我に有利であり、我が予測できる意思決定を行うことが期待される。破壊的な反射統制は、主に我による奇襲／欺瞞、または敵側に混乱を生じさせるか、そうでなければ敵にとって有害な情報を敵のシステムや意思決定者に与えることで構成される現実と情報の入力を使用して適用できる。これらの入力は、敵の意思決定能力を破壊し、弱体化し、または麻痺させることが期待される。

　建設的な反射統制に基づく実装は、通常、破壊的な反射統制の実装よりも多くの時間を必要とする。マフニンが指摘したように、これはより高い戦略レベルでの長期的な使用に適している。敵の意思決定能力を麻痺させたり破壊したりする行動は、従来の情報戦または心理戦に似ており、短期的かつ低位の戦術レベルで開始することができる。

　また、これらの表から、認知／情報の区分では、出典で言及されている方法のほとんどが情報型であることがわかる。これはおそらく、敵の認知的不協和（cognitive dissonance）〔訳注：敵の持つある認知と他の認知との間に、不一致または不調和が生じること〕を利用するには、敵に関するかなり多くの情報が必要であるため、選択した情報を与えて、敵が自らの方法でそれに反応できるようにし、その後に我の行動を調整することが容易であることが必要である。建設的な統制は主に指揮官の個人的な特性とその作戦環境に向けられていると指摘することができる。破壊的な反射統制に適用される方

法は、指揮統制のすべての領域に等しく向けられている。目標別に分類された標的を調べると、使用されているほとんどの出典で、指揮官の特性と行動を変えること、または指揮官の意思決定を妨害することが目的であると言及できる。指揮システムに影響を与えると言及しているものがもっとも少なかった。これは、イオノフ（1997）がすでに提唱した、敵の状況理解と目標に影響を与えることがもっとも簡単であり、行動自体に影響を与えることはより困難であるという考えと一致している。

　建設的／破壊的区分を検討すると、建設的アプローチには、特に指揮官に向けた活動、指揮官とその幕僚が準備する計画、または意思決定支援システムの場合、かなり強力な影響力と統制する側にとってより優位な影響力が含まれていることがわかる。しかし同時に、指揮システムと作戦環境に向けられた目標のほとんどは、その性質上、破壊的なものである。このことは、（すでに述べた）利用できる時間に関する観察と一致している。すなわち、建設的な実装では、敵とその行動の背後にある要因をより良く理解する必要がある。これらの方法がうまく適用されると、統制する側にかなりの優位が生まれる。指揮システムと作戦環境を対象とした方法は、すぐに使用できるようになるが、その効果は持続時間が短く、迅速に活用する必要がある。

3.2　反射統制に関するロシアの議論の検討

　上記のモデルでは、いくつかの反射統制の側面が省略されている。それらの一つが、さまざまな作戦レベル（戦術的なものから地政学的なものまで）での理論の適用性である。反射統制を使用する必要がある作戦レベルについては、原典ではほとんど論じられていない。たとえば、ルフェーブルは「意思決定者」について一般的な言及をしているに過ぎない。1970年代に活

動した他の研究者（イオノフなど）も同様にあいまいな表現をしている。実際、作戦レベルが議論のテーマになったのは、1980年代に入ってからである。そのきっかけとなったのは、米国の研究者たちが、反射統制は戦略レベルで有用なツールであり、ソビエト連邦の志向が米国で好まれている技術的・戦術的アプローチと比較してシステム的・戦略的であると指摘したことである（Chotikul, 1986, p.35）。

　本研究によると、2010年代以前の反射統制に関するロシアの議論では、作戦レベルへの言及はほとんどなかった（Chausov, 2010）。しかし、マフニンは、反射統制はすべてのレベルで同じ作戦モデルに基づいていると述べている（Makhnin, 2013a, p.35）。このことは、この議論が過去数十年間多かれ少なかれ同じ路線にとどまっていたことを意味している。トーマスは自分の著書『クレムリン統制』（*Kremlin Kontrol*）で、反射統制は戦術、作戦、戦略、および地政学レベルで適用できることを指摘している（Thomas, 2017, p.178）。実際、反射統制の理論の背後にいる人々やその実用的なアプリケーションの責任者にとって、作戦レベルの問題は最重要課題ではなかった。彼らの見解では、さまざまな方法と組み合わせて使用する際に、トーマスが挙げたすべてのレベルで適用できるはずである。この活動は、国家元首であるのか、国会議員であるのか、大隊指揮官であるのかに関係なく、敵の意思決定者に向けられるべきである。

　本研究で検討した第二の側面は、人間の意思決定の客観的かつ包括的なモデル化であり、そのモデル化は反射統制の適用を成功させるための重要な前提条件でもある。なぜならば、これは、全体の概念が、事前に準備された特定の入力を使用できるように、敵の意思決定をモデル化し、敵が相手側が予想し、望むような意思決定を下すように説得できるという前提に基づいているからである。もしロシアで、個々の当事者が周囲の世界と無

関係に行動することを考慮しないこのような哲学が、ある時点で疑問視されていたならば、反射統制は基本的に実現不可能であると見なされ、おそらく拒否されたであろう。しかし、ソビエト連邦が崩壊しても、これは起こらなかった。

　ソビエト連邦の崩壊により、一般社会では少なくとも公式には弁証法的唯物論とマルクス主義理論が放棄された。しかし、ロシア軍では、この同じ哲学が議論の基調となり続けていた。本研究の目的は、なぜこのようなことが起こったのかという疑問に対する回答を見つけることではないが、本書の作成中に明らかになったことは、ソビエト連邦の崩壊とイデオロギー間の闘争における敗北がロシアの軍事雑誌において引き起こした議論が驚くほど少なかったことである。現実をモデル化する弁証法またはシステム理論の能力は、どの時点でも問われていない（Lalu、2014, p.368 を参照）。世界のすべての出来事は客観的に真実であり、弁証法的に相互に結び付いている（したがって人間の心に反射される）という前提は、ソビエト連邦とそのイデオロギーが崩壊しても消えることはなかったのである。このことは、反射統制が疑問視されず、この理論に対する少数の批判者が弁証法それ自体に異議を唱えない理由の説明になっているが、弁証法が実行される方法の実現可能性の説明にもなる（Polenin, 2000, p.68）。このことは、なぜ反射統制の発展が続き、そして当初の哲学的前提が問われないのかということの説明にもなるだろう。

　オープンソースに基づくモデルを使用する場合に考慮すべき第三の側面は、すべてのオープンなドクトリンに規範的な記述と反射機能を含める必要があるというクリメンコ（Klimenko）が提唱した考えである（Klimenko, 1997）。このため、反射統制を論じた論文の中には、読者が特定の方法の存在または特定の活動が行われていると確信できるように意図的に書かれ、

実際には真実でない情報を共有している可能性がある。本研究の筆者は、幅広い情報源に依拠することで、このような操作を回避するあらゆる努力をしている。特に、執筆者の多くが西側またはロシア以外の国の出身である場合、これらすべてがソビエト連邦とロシアが50年以上にわたって組織的な欺瞞を行うことを許してきた論文の膨大な検閲と調整に基づいているとは想像しがたい。しかし、この可能性を完全に否定することはできず、このモデルに含まれる方法の記述には注意を払う必要がある。この問題については、研究の信頼性との関連で以下に詳しく説明する。

3.3 ロシアの軍事戦略における情報の役割

本研究で提示されたモデルで示されているように、選択した情報を敵に伝えることは、この概念がルフェーブルによって最初に提示されて以来、反射統制の重要な構成要素となっている。しかし、反射戦は情報戦だけではなく、包括的な作戦モデルであり、その一つの形態が情報心理的な対立である。ロシア軍の参謀本部参謀総長であるヴァレリー・ゲラシモフ（Valery Gerasimo）は、2013年のロシア軍事科学アカデミーで行った演説の中で、情報戦は紛争中も継続しており、軍事行動そのものよりもずっと前から始まっていると指摘した（Gerasimov, 2013）。この演説は、クリミア占領とウクライナ紛争に関連して大きな注目を集めた。実際、選択的情報は、ロシアの軍事論争でしばしば出てくる概念である。

スウェーデンの軍事研究者であるウルリク・フランケ（Ulrik Franke）はロシア語文書を出典資料とした情報戦の研究を行っている。フランケは、マクニンのように、情報伝達における現実、情報、また心理の入力の利用を高く評価している。フランケによれば、平時には、次の措置を講じることができる。すなわち、外国の政治家の信用を失墜させること、積極的な航空作

戦によってメッセージを伝達すること、または、世界情勢に関するロシアの見解を適切なメディアを通じて伝えることができることである（Franke, 2015, p.51）。しかし、反射統制の実装で必要とされるように、活動自体よりも活動に対する敵の解釈がより重視される。

　戦争の発展に関するボグダノフ（Bogdanov）とチェキノフ（Chekinov）の論文では、情報についても論じられており、反射統制の一部として情報の利用を理解するのに役立っている。彼らは破壊的な反射統制に基づいた戦いの方法を列挙しており、そこではコンピューターだけではなく情報通信機器が、敵の指揮システムと行政を麻痺させ、敵のコンピューターセンターと通信ネットワークを混乱させ、軍事的および政治的指揮センターを破壊し、また敵の部隊とより広範な国民の士気を低下させるとしている(Bogdanov & Chekinov, 2017, p.79)。

　これらの著者たちのコメントの一つは、反射統制の情報次元という文脈では興味深いものである。彼らの見解では、紛争は今や、情報戦場というまったく新しい戦争の戦域でも戦われ、人間の心の中で起きている闘争の舞台となることを理解する必要がある。このことを理解すると、技術が発達しても、人間とその道徳的・心理的特性が依然として作戦の標的であることがわかる。ボグダノフとチェキノフは、次に、すべての戦争において、戦略的目標を設定することができる個人の精神と心理を破壊することが不可欠であると述べている。彼らの見解では、情報が戦争の手段として受け入れられるようになったため、この目標を達成するために利用できる手段や方法がさらに増えているということである。それでも、武力戦闘に完全に取って代わることはできないが、より限定された規模で使用されるべきである（Bogdanov&Chekinov, 2017, p.79）。実際、反射統制は、情報の利用と武力行動を単一のパッケージに組み合わせたものである。

　創造的な反射統制方法の背後にある考え方である認知に影響を与えることについては、キセリョフ（Kiselyov）が 2017 年の論文で述べている。彼が注目しているのは、ロシア軍が準備すべきである未来戦である。

　キセリョフによると、技術的な先進国では、サイバー空間は作戦領域と見なされている。サイバー空間は他の方法と組み合わせることができ、その中でもっとも重要なものは、電子戦、心理作戦、および敵に対する運動エネルギー的効果（反射戦の破壊的方法）である。情報レベルでの対立は、未来戦において重要な要素となり、主に情報統制作戦に現れるであろう。これらの作戦は、敵の意志、感情、行動、精神、および士気に望ましい影響を与えることを目的とする行動である。言い換えれば、それらは反射統制のシステムにおいて創造的な統制手段であると考えられる方法である。キセリョフによると、情報戦の目標は敵の意思決定者に影響を与えることである。心理作戦、ハッキング、欺瞞、電子戦、敵の装備の物理的な破壊、敵の意思決定者の捕獲、およびネットワーク作戦は、このような戦いで使用される主要な方法と技法の一部である(Kiselyov, 2017, p.5)。言い換えれば、反射統制モデルにおいて示されているように、キセリョフは、建設的方法と破壊的方法を組み合わせて、反射統制の二重モデルで記述されるシステムを示しているのである。

　キセリョフの見解では、今、行動に向けた戦いに焦点を当てるべきである。このような戦いは、人間の行動に関する大量のデータを収集する方法が開発されたため、近年になって初めて可能になった。人間の行動は、思想、価値観、および信念に基づくだけではなく、ある程度は固定観念、習慣、および行動モデルにも基づいている。同時に、人間の行動は、公式および非公式な制度によっても形作られている。キセリョフはさらに、人間

の行動は主に半自動的に行われ、習慣と固定観念に基づいているという明白な科学的証拠があると指摘している（Kahneman, 2011, pp.20–21 を参照）。彼の見解では、これは単純な解決策に当てはまるだけではなく、深い思考を必要とする選択を伴う複雑な意思決定の状況でも効果が現れるということである（Kiselyov, 2017, p.6）。

　行動に影響を与える兵器は未来の兵器であり、キセリョフは西側諸国、特に米国がすでにそれらを開発していると主張している。キセリョフは、敵が紛争時の意思決定を予測できないようにするために、上級将校の個人データを隠すことが特に重要であると指摘している（Kiselyov, 2017, p.7）。この中で、彼はロシアの見解では、反射統制の理論でも明確に述べられているため、このような計算は可能であると間接的に認めている。

　キセリョフは彼の論文で、名指しで言及することなく、反射統制を包括的に説明している。彼の見解では、我の準備と軍事行動を隠すこと、敵の弱点を探して利用すること、我の力を敵の弱点に向けること、我の立場に優位になるように敵の紛争に対する見方を変えること、こうしたことによって達成できる非対称的な優位性について説明している。このような措置は、敵が耐えなければならないものと比較して、我の資源の消耗を最小限にとどめ、紛争における軍事的優越または引き分けを達成するのに役立つ（Kiselyov, 2017, pp.10–11）。

　実際、情報と情報に基づく戦いは、近年のロシアの議論においてますます重要な役割を担ってきた。ボグダノフ、チェキノフ、およびキセリョフは彼らの論文で、マクニンと同じ方法で、現実、情報および心理の入力に対する情報の影響を重視している。キセリョフは、敵に向けられた情報の入力が全体的な活動の一部として調整されるような、先制攻撃モデル（カザ

コフとキリューシンが提案）を作成する取り組みについても説明している。これに基づいて、情報戦と反射統制は重なり合う概念になるが、情報は反射統制を実現する唯一の手段ではない。なぜなら、反射統制は認知的不協和と人間の行動の理解を広範囲に利用しているからである。情報発信のプロセスと敵に影響を与えようとする試みを理解し、相手側が行う情報操作に対して我を守ることが不可欠である。

4. 結　論

4.1　ロシアの指揮統制理論の体系的基礎

　本研究では、サイバネティックスやシステム理論の基礎の文脈において、1950 年代以降、ソビエト連邦とロシアでは、軍事的意思決定システムをモデル化し、作成するサイバネティックスを開発するための断固とした取り組みがなされてきたこと、ならびにこの研究が西側とは異なる基準で継続されてきたことを示している。1960 年代初めには、国家規模の情報ネットワークと高度に自動化された統制・管理システムを開発する試みが行われた。

　軍事的意思決定のシステムが体系的およびサイバネティックス的な観点から検討されたとき、ロシアでは指揮システムが全体として検討されていることが指摘された。この目的は、研究分野に直接的または間接的に影響を与えるすべての構成要素を概説することである。体系的なアプローチでは、指揮システムの各部分が相互に影響し合う要素の弁証法的な実体として概説および研究されている。

　軍の指揮官に課された期待と戦いの原則について研究したところ、ソビエト連邦と同様に、単一の軍事的統率力に依然として確固とした重点が置かれ、また指揮官の役割もロシアの軍事的思考において重視されていることが指摘された。これは、推論の強力な論理的および数学的な連鎖と因果

関係の連鎖を特定する機能と組み合わされている。あらゆるレベルでの軍事行動の成功は、指揮統制の成功事例の柔軟な適用に依存することが試行錯誤によって認識されて以来、指揮統制がより重要な役割を担っていることが指摘された。しかし、西側の任務指揮アプローチとは異なり、ロシアの軍事的統率力に関する議論では、指揮官が部下を統制して計画からのどのような逸脱も早期段階で特定し、作戦方向を転換できるようにする必要性に焦点が当てられている。

意思決定支援システムに関するロシアにおける強い関心について重要な観察がなされ、この分野での集中的な開発作業も進行中である。意思決定支援システムは、作戦環境に関する利用可能な情報を使用し、分析と提言事項を生成できる、迅速かつ高度に自動化された指揮システムを実現するための取り組みが行われる場合、より重要な役割を担うであろう。同時に、敵の行動からそれらを保護することと、反射統制に対するそれらの感度が主要な関心事になった。

指揮官はロシアの意思決定において重要な役割を果たしている。実際、本研究で得られた結論の一つは、これにより少なくとも部分的に、反射統制において指揮官、その計画、およびその個人的特性に焦点が当てられる理由を説明しているということである。同時に、ロシアの指揮官中心モデルでは、人間の関与と個人間の調整の必要性が高い西側のモデルよりも迅速で自動化された意思決定に適していることも指摘されている。また、このモデルは、環境を観察する必要のある少数の個人に関与するため、（反射統制といった）影響を与えようとする試みに対してより脆弱である可能性もある。

客観的アプローチは、意思決定理論の文脈におけるロシアの意思決定シ

ステムの主要な弱点である。弁証法的唯物論の考え方は、すべての現実と認識には客観的な根拠があり、すべての意思決定は観察に基づいているということである。これにより、直感と創造性の使用が制限される可能性がある。しかし、筆者は実践レベルではこのような兆候を見つけることができなかった。

4.2 反射統制の発展

反射統制の背後にある前提から導き出された主な結論は、歴史的および社会的要因により、（すでにソビエト連邦でそうであったように）ロシアでは指揮統制が重要な役割を果たしているということであった。しかし、これらの要因は1960年代以前には体系化されておらず、直感的かつ無意識に使用されていたに過ぎない。本研究は、マルクス主義の哲学に基づく弁証法的思考において、人間の認識は単に客観的な現実を反映しているに過ぎないと指摘している。これにより、反射統制は外部刺激を使用して、標的が自分の環境を認識する方法を操縦するだけでよい状況が生まれる可能性がある。

反射統制理論の背後にいる人物であるウラジミール・ルフェーブルは、敵の意思決定プロセスをモデル化するための反射方程式を開発しようとし、その方程式が敵の取り得る選択肢の計算に使用できることを論じた。1960年代のルフェーブルの研究では、これにより、紛争の相手方が敵の状況評価を知り、敵が問題を解決するために独自のドクトリンをどのように適用するかを知っていれば、その相手方が有利になる状況が生まれるということである。これが反射統制の核心である。

ルフェーブルが始めた研究は、ソビエト連邦の広い前衛団体で続けられた。本研究では、このプロセスの双方向性が早い段階で認識されていたこと

148

が示唆されている。すなわち、敵も、自分の側に同様の統制が行われることを防ぐ必要がある。1970年代初頭までに、システム間のサイバネティック思考が進歩し、敵の意思決定に向けられた反射統制の役割が認識され、実際の意思決定プロセスのモデル化におけるゲーム理論の不適切性が指摘され、意思決定の数学的モデル化がウラジミール・ルフェーブルとモスクワ方法論クラブの後援の下で開発され、敵の意思決定に対する統制の一部として自動化され保護された情報処理の必要性が確認された。

　研究者たちは、「反射統制はソビエト連邦では機密事項であった」、または「少なくともそれを秘密にしようとしていた」と主張している。しかし、本研究では、これらの主張は間違いであることが証明された。すなわち、このテーマに関する多数の書籍がソビエト連邦で出版され、そのテーマについて議論する科学会議が開催され、そしてこの概念は1974年版『サイバネティックス百科事典』で定義されていた。ソビエトの体制では、百科事典は公式に承認された真実を記録するものであり、そのような出版物にこの用語が現れたことは、反射統制の存在が公式に承認されたことを意味する。秘密の取り組みに対する言及は、開発作業がKGBの後援の下で行われたというルフェーブルによる主張だけである。

　本研究では、反射統制の包括的な発展が1980年代のソビエト連邦で継続していたこと、および西側（ソビエトの活動に関する研究の一環として）、特に米国での研究にも関心があったことを示している。本研究では、これは主に1974年のウラジミール・ルフェーブルの米国への移住と、彼が1984年に米国で発表した反射統制とその背後にある西側とソビエト連邦の間での倫理の違いに関する研究によって促されたことが示唆されている。重要な結論として、1980年代半ばには、敵のあらゆる動きまたはあらゆる偶発的な出来事への対応を定めた包括的な計画が準備されていなければ、反射統制

4.
結　論

をうまく適用できないことがわかってきたと述べられている。

　本研究で得られたもっとも重要な結論の一つは（これには追加の研究も必要である）、ロシアの軍事理論の議論に対するソビエト連邦の崩壊の影響に関するものである。本研究のために収集した資料を利用して、筆者は、社会的崩壊が反射統制の背後にある前提またはその発展にどのように影響を与えた可能性があるのかを概説しようとした。その結果、ロシアの軍事雑誌では、ソビエト連邦の崩壊とイデオロギー間の対立における敗北について、議論が驚くほど少なかったことが明らかになった。その説明では、反射統制についても触れられていない。すべての世界の出来事は客観的に真実であり、弁証法的に相互につながっている（したがって人間の意識に反映されている）という前提は、ソビエト連邦の崩壊とその前提の背後にあるイデオロギーによっても消えなかった。しかし、同時に、その後のロシアの議論では、情報戦争として戦われた米国との対立はソビエト連邦の崩壊によっても終わらず、社会間の対立が続く限り、それ以前の前提を疑う必要がないという意見が支配的であったことも指摘しておきたい。

　本研究で使用された出典資料のほとんどは、2000年代の最初の20年間のものである。2000年代の初めには、ロシアと西側においては反射統制に関心があり、さまざまな出版物でこのテーマに関する学術的な議論があった。ルフェーブルに加えて、ウラジミール・レプスキーによって書かれた論文を研究した米国の研究者であるティモシー・トーマスもこの議論に貢献した。彼はおそらく西側の他のだれよりもこのテーマについてより多くを書いており、自分の著作が他の研究者からもっとも頻繁に引用されている西洋人でもある。さらなる理論的発展を背景に、2000年代初頭以降の体系的アプローチのより詳細な分析が行われるようになった。このアプローチでは、反射統制作戦を準備して実行するための欺瞞計画が、実際の作戦

150

計画と関連して作成される。本研究では、2000年代の最初の20年間、ロシアではシステム間の反射に基づく統制の理論的発展が続いており、同時に反射統制理論を軍事作戦および対テロ作戦に使用する取り組みがなされていたと結論付けている。サイバネティックスと心理学からほぼすべての科学分野への反射の視点の拡大は、この発展段階と並行して行われた。

　本研究の理論的な部分では、2010年代初頭以降、反射統制の実用化も求められていたという所見で結論付けている。チャウソフはこの課題に最初に取り組んだ研究者であった。彼の見解では、技術的に劣っている側が、主導権を握る方法を見つけ、また、独自の決断力を用いて、敵に自分の意志を課すことができる可能性があるというものである。理論を実際に適用する方法を記述するマクニンの論文が2012年に発表された。その論文では、敵を欺くことが目的であった過去の経験と作戦計画の分析方法について記述し、「シミュラクラ」(simulacra)(真実のように見える偽情報)の手段によって反射による影響力を行使できる方法を言及している。本研究の序論で述べたように、このような方法はウクライナに対する情報操作で使用された可能性がある。

　過去10年間に発表された反射統制に関する論文から、ロシアでは反射方程式から実際の戦闘作戦で使用できる敵に対する反射統制へと移行していると結論付けることができる。カザコフ、キリューシン、ラズキンが提示したモデルでは、反射統制とロシア版の任務指揮を組み合わせて、同じ目標を達成し、部隊の使用を調整する手段としている。この結論は、マフニンの見解では、反射統制は包括的なモデルであり、現実世界、情報世界、または心理世界の入力に基づいて敵に送信される各情報パケットが、反射の視点から分析されているということであった。

4.
結　論

4.3 反射統制理論の実用化

　本章では、筆者はマクニンとカザコフ、キリューシンとラズキンの理論に基づいた反射統制システムの使用について説明を試みている。反射統制の可能な戦略レベルの計画とその潜在的な目標について、例を挙げて説明している。また、例と組み合わせて二段階統制のパッケージも準備している。

　この例では、統制を行う国の意向に従うように敵国の政府レベルでの軍事的意思決定を変更するために、反射統制が適用される。この場合、マクニンが説明した方法において、反射統制の最初の機能は、被統制システムで行われる観察を形成することである。これを達成するために、統制を行うシステムの意思決定者は、自国政府が設定した目標を達成するのに役立つ、被統制システムが作成する軍事状況評価に影響を与える方法を計画する必要がある。

　入力を反射の変化にさらすことは、マクニンのモデルにおける反射統制の第二フェーズである。この目的は、敵がこれらの入力に対する反射の変化を自らの意思決定の入力として使用するように促すことである。マクニンは、自分の論文の中で、入力の偽物性（シミュラクラ）を重視している。しかし、現実の（軍事演習や部隊の動きといった）出来事に基づく変化も敵の意思決定者に望ましい方法で行動するように説得するのに使用できる。

　マクニンの見解では、入力のシーケンスは次のフェーズの重要な要素である。入力の一部は、最初にソーシャルメディアといった高速通信チャネルに配置できる。その後、他のチャネルを通じて（わずかに拡張された形式で）伝達できる。同じ入力を複数のチャネルを介して同時に公開することもできる。

カザコフ、キリューシンおよびラズキンが提示した二段階統制方法は、反射統制の実際の兆候を理解するためにも使用できる。

図 8 二段階統制の実際の適用例
二段階統制モデルにおける戦闘任務の実行サイクル

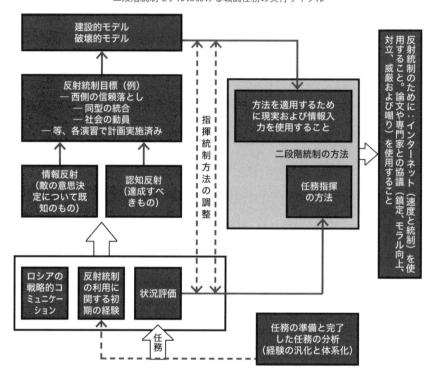

彼らが提示した方法を使用して、政府レベルでの戦略的コミュニケーション、および過去の経験が行動の基礎として使用されることが前提となっている。また、この情報に基づいて将来の行動が計画されるときには、情報反射が使用されることも想定されている。このアプローチでは、敵の状況評価ならびに敵が所有する我と作戦に関する情報が分析される。この

情報は、反射統制を行うための基礎となる。

　状況評価を基礎として使用して、敵が自分の意思決定で使用する基準を評価することにより、認知反射が適用される。カザコフ、キリューシン、およびラズキンによると、このような状況では、国の指導者たちは反射統制の目標を準備しなければならず、それは建設的方法と破壊的方法に分けられる。これらは、さまざまな現実世界と情報世界の入力を使用して実践され、敵のシステムの現実の情報パケットまたは模擬された情報パケットを生成する。これらのパケットはさまざまなチャネルを介して配信され、各チャネルには反射統制を実行するための特定の目標が与えられている。これらのパケットは、事前計画に従って望ましい方法で敵の意思決定を誘導するために使用される。

4.4　ロシアの戦略におけるシステム思考

　本研究の間、筆者はまた、ロシアのシステム理論的思考とロシアの軍事ドクトリンの幅広い側面に精通した。本研究の主な焦点は、指揮統制に向けた反射統制の発展にあった。本節では、今回の調査結果がロシアの戦略的思考（またはそのような思考の欠如）に関する学術的議論にどのように貢献することができるのかを論じ、ロシアの軍事行動はどのような包括的戦略にも基づいていないという過去の学者たちが示した見解をより詳細に分析している。

　帝政ロシアでは、20世紀の最初の数十年間、すでにシステム思考があり、1960年代の初めにはサイバネティック思考の一部として急速に発展した。現実の客観的な性質と観察者についての弁証法的な考え方も、システム思考に適合する。筆者はまた、ソビエト連邦で始まったサイバネティックス

とシステム思考に基づく軍事および政治システムのモデル化がロシアでも続いており、そのアプローチは西側の伝統とは異なると結論付けている。すでに 1991 年に、ベズグリーとガブリレンコ（Bezuglii & Gavrilenko）は、システムのモデル化の焦点は戦闘システムだけではなく、全体的な政治的展開も考慮すべきであると提案した。戦争を社会システム間の闘争と見なすこのようなアプローチは、ロシアにおける軍事システムのモデル化の方法に依然として反映されている。

　本研究では、ロシアにおいて、システム理論とシステムのモデル化は、状況と最新のドクトリンを考慮した上で、極めて効果的な方法で戦争を遂行するための手法として捉えられていることが指摘されている。特にボグダノフとチェキノフは、過去数十年にわたって彼らの論文でこの考え方について議論してきた。現代戦の一環として軍事的方法と非軍事的方法を組み合わせることについてロシアでも議論があったが、戦争は主に暴力的な武力の行使と見なされている。情報、外交、および経済といった影響力を発揮する他の方法は、戦争を回避することを目的とする場合に優先される。リッケが米国の国防戦略のために作成した目的－方法－手段の考え方に基づいてこの概念を検討すると、ロシアでは方法（ドクトリンと行動）と手段（利用可能な資源）は、国家政府が自由に使えるシステムに効果的に統合されていることがわかる。したがって、望ましい目的は、唯一の戦略レベルの柱であり、その内容が公の場で議論されることはない。全体として、ロシアは、コヴィントン（Covington）とグレッセル（Gressel）が言うように、包括的アプローチの一環として、西側よりもはるかに効果的に武力の行使のために社会を動員することに成功したのである。フィンランドの包括的安全保障の概念に、ロシア並みの統制を達成することを目指す国家の特殊性を加えたものが、もっとも近い類型と言えるかもしれない。このような存在が、システム間の相互作用を見越した協調的な戦略に基づいて舵取りを

しないということは、まずあり得ないことである。

　サイバネティックスと心理学に由来する、システム間の相互作用に統合された反射統制では、敵の意思決定システムに供給される入力は、敵が統制されていることに気付かないように処理される。我の操作と敵のシステムに供給する入力を利用して、敵のシステムを統制することは、1960年代にソビエト連邦で初めて研究された。このサイバネティック制御の分野は、軍と文民の両方の研究者によって研究された。ロシアの戦略が存在しないという議論に関連して、敵の活動の評価と予測がシステムレベルでロシア軍の指揮統制と現場マニュアルにどのように体系的に組み込まれているのか、また、ロシア軍がすべての指揮レベルでこの目標を達成するためにどのように体系的に取り組んでいるのかに注目することが重要である。

　本研究のために準備されたモデルでは、さまざまな異なる方法と情報チャネルを使用した体系的な影響力行使の一環として反射統制が適用されているというもので、ロシアがあらゆるレベルで敵の指揮統制システムの分析に利用していることを示唆している。ロシアは弁証法の伝統に従い、得られたすべての情報に対して分析的かつ客観的なアプローチを取り、それらを包括的な行動指針の情報源として扱っている。このような背景から、上級指揮官が日和見主義だけに誘導されるということはあり得ない。より可能性の高いのは、敵による反射統制を受けないように、より高いレベルの戦略が秘密にされていることであろう。ルフェーブルは、対抗者が相手の集約した状況評価とその使用方法（ドクトリン）を知っていれば、対抗者が有利になると指摘しているが、これはこの考え方を裏付けるものである。その場合、ロシアが自分の行動が予測できないという印象を意図的に与えているという（すでに述べた）指摘は、信憑性があると思われる。このアプローチでは、ロシアの行動のための標的と想定される敵（西側）は、ロシア

が自国のドクトリンをどのように使用するのかを知らないままであり、ロシアが利用できる選択肢について解ける反射方程式を立てることができないのである。

　同時に、ロシアは自国の状況評価と、西側の民主主義国家がどのように問題を解決し、脅威に対処しているのかという情報を機敏に利用することができる状態にある。ロシアは、特定された西側の作戦モデルを利用できるので、反射統制を体系的に利用することが容易になる。権威主義的な政治体制と厳しく統制されたメディアを持つ（ロシアといった）国々よりも、透明な意思決定プロセスと自由な市民社会に基づく国々の方が、反射統制を適用することがおそらく容易である。それらの大多数の国民がロシアの真の意図を認識していたとしても、情報パケットを体系的に利用することで、すでに不確実性が生じ、政府などの公的機関に対する国民の信頼が損なわれている可能性がある。反射統制はどのようなフィードバックチャネルも必要とせず、情報を敵に送信するだけで十分な場合が多いことは、1980年代の反射統制の発展時にすでに認識されていた。

　ティモシー・トーマスは、ロシアが自国の権益を促進するために国民の思考を操作し、メディアと「トロール部隊」〔訳注：ネットの世論を操作する部隊〕に依存し、過去との類似点を描き、暴力に訴えることによって、反射統制を利用していると指摘している（Thomas, 2015, p.117）。本研究における結論は、このような認知反射統制の長期的な使用には、先回りした計画立案と相手側の意図の先読みが必要であるということである。クリミアの占領、EU離脱の投票、西欧のポピュリスト党への支持に関連して、このような先回りした計画立案と行動の兆候が見られた可能性がある。ロシアはおそらく、これらの状況への事前の準備を十分に始めていたので、意思決定者には包括的な計画を作成するための十分な時間と機会があったことに

なる。したがって、ロシアは建設的な反射統制方法、すなわち、世論への影響力行使、鎮静化、圧力、および敵（ウクライナ、EU または NATO）のシステムへの自国の意図の移転 (Thomas, 2015, pp.117–118 を参照) を適用することができた。

　一般に、ロシアの活動を戦略的レベルで解釈する際には、システム思考に基づく活動のモデル化と反射統制を無視してはならない。体系的なアプローチは、戦略やドクトリンの準備、およびシステムの計画立案において交渉手段として使用されていると考える必要がある。さらに、体系的なアプローチはロシアの問題解決へのアプローチの一部であり続けるため、将来、権力が変わっても、それが消滅するとは考えられない。また、ロシアは長期戦略に基づいて行動しており、敵がその最終的な戦略目標に影響を与えないようにあらゆる努力をすることも想定する必要がある。

4.5　西側の「戦略的コミュニケーション」とロシアの「情報心理戦」の概念的な違い

　本研究では、ロシアの意思決定に影響を与えるモデルに焦点を当ててきた。同時に、筆者は、影響力を行使するためのロシアと西側のアプローチの違いを説明するために、具体的な例も示した。これらの違いを図解して理解することで、将来この研究をより容易に活用できるようになる。

　米国の定義によれば、世論や印象に影響を与える西側のアプローチ（知覚管理）の焦点は、選択された情報や指示を標的とする大衆に伝えたり、または標的とする大衆が情報にアクセスするのを阻止したりすることによって、外国の大衆や意思決定者の感情、動機および客観的推論を操作することである。これは、望ましい方法で真実を提示することであり、作戦保全、

欺瞞および心理作戦に基づいている（JP 1-02, 2009, p.403）。「知覚管理」という用語に加えて（またはその代わりに）、「戦略的コミュニケーション」という用語が西側でも使用されている（この概念は米国で生まれたものである）。この戦略的コミュニケーションは、政府レベルの活動であり、その目的は、その活動が標的とする大衆に到達し、当事者自身の有利になる状況を引き起こし、強化し、または維持することである。この戦略的コミュニケーションは、さまざまな方法と政府レベルで利用可能なすべてのチャネルを使用して行われる（JP 1-02, 2016, p.226）。標的とする大衆と意思決定者の分析、および標的とする大衆の感情や動機を理解する方法（主観的な背景要因）の分析は、これらのアプローチの主要な要素である。標的とする大衆と情報の選択に対する主観的（理解）アプローチでは、フィードバックチャネルを使用する必要がある。すなわち、その行動が必要な影響を引き起こしているかどうか、またはその行動をフィードバックに従って調整する必要があるかどうかということを測定し評価することは、第二次世界大戦以来続く、世論に影響を与える西側の方法の一部であった。

この戦略的コミュニケーションは、本研究で述べたロシアのアプローチとは異なり、その目的は、事前に状況を判断し、どのようなフィードバックチャネルも必要としないように自分の行動と情報の送信を詳細に計画することである。（客観的な世界観から生じる）影響を与えることに対するロシアのアプローチの前提は、特定の情報チャネルを通じて特定の情報を提供することにより、その応答を事前に予測できるということである。すなわち、その情報に関する個人の主観的な意見は無関係である。さらに、ロシアの情報操作では、外国と国内の標的とする大衆に違いはない。すなわち、その活動は、自分の目標を達成するために重要な意見を持つグループ、または情報操作を受けたときに幅広い影響を生み出すのに役立つグループに焦点を当てており、国内外の意思決定者はそのような活動の主要な標的となる。

　ロシアの情報操作の理論では、個々のメッセージを受信する方法は重要ではない。情報操作の目標は、多数の異なるチャネルを通じて自分たちのナラティブ〔訳注：当事者が標的とする対象に対して作る物語・話〕と見解を伝え、それらが少なくとも一部の西側のメディアに取り上げられることである。もしそうなら、この問題がさまざまな場で議論される際に、少なくとも自分の事例を裏付けるために利用できるものがある。事実を提示しても、この決められたアプローチは変わらない。このアプローチでは、（一つの真実の代わりに）いくつかの代替的な真実を作り出すことが主な目的であり、その存在そのものが疑念を生じさせることになる。「戦術的な真実」を語ることと、政府と国民との間の信頼の欠如は、このような活動のための肥沃な土壌を提供する。つまり、国民はだれもが何らかの形で嘘をつくことを期待しているため、だれも公式チャネルから客観的な真実を聞こうとは思わない。

　過去10年間に行われた観察により、ロシアは少なくともある程度、客観的な真実とは関係のない、このような代替のナラティブを作り上げたということが明らかになっている。長期的には、ロシアによって実施された体系的な情報操作も結果を出しており、すなわち、それらは国民と政府の間に不確実性と疑念を生み出しているということである。同時に、二極化社会の影響を受けやすい国民の意見を誘導するための取り組みが行われているということである。

4.6　選択したアプローチに関する評価

　筆者は、反射統制を包括的な概念として捉えることにした。こうすることで、過去の研究が直面した問題、つまり、反射統制を情報戦または情報

心理戦の長期的な要素として定義すると、出典で言及されている反射統制方法の一部を省略しなければならないという問題を回避することができたのである。たとえば、ジャイルズ、シーボイヤーおよびシャーは、反射統制を事前の計画立案だけに基づく長期的な影響力手段として定義しようとした際に、この問題に直面した（Giles, Seaboyer & Sherr, 2018, p.53）。筆者は、反射統制を、適用方法が異なる長期的な建設的方法と短期的な破壊的方法に分けることにした。その結果、反射統制の期間には制限が設けられていない。

　しかし、本研究のために準備されたモデルは、それを使うことで解釈の余地があるため、問題がないわけではない。このモデルで説明されている方法の定義が一部重複しており、ロシア語の用語の翻訳も単一の研究者の創作である。また、建設的方法と破壊的方法に厳密に分けることにも課題がある。すなわち、出典資料の解釈だけでは、目的別に方法を分類することは困難である。

　方法を厳密に区別することと、すべての行動で望ましい反射を見つける必要性は、このアプローチのさらなる弱点である。これは、何かをする可能性があるだけで、相手の意図として解釈されてしまうという（冷戦時にあった）事態を引き起こす可能性がある。つまり、中立的な文章が、「方法」を使って解釈されると、別の意味を持つようになる。このような方法は、研究者たちの想像力と、あらゆる人間の活動により深い意味を見出そうとする研究者たちの決意の中にしか存在しないという可能性が高い。

　このモデルでは、反射統制の出典資料で記述されている方法の包括的なリストを提供する。同時に、反射統制の一部でなくても使用できる行動も含まれている。それぞれの方法に関連して、その方法が適用される状況を

4.
結論

説明する必要がある。つまり、敵の行動に反射を引き起こす意図があるのか、それともどのような背景の動機もない行動の問題であるのか。既存のモデルに基づいて特定された行動を検証する場合、方法の一部がより包括的な計画の一部として欺瞞的な目的で使用される可能性があることも考慮する必要がある。その場合、これらの方法の実際の標的は、モデルで指定されたものと同じではない。このモデルでは、ロシアの活動が実際よりも広範囲かつ体系的な印象を与えて、実際には存在しない脅威を作り出している可能性もある。

　本研究のために作成したモデルはどのように適用できるのか。そのモデルに含まれる方法とその入力の説明により、このモデルは過去の行動の解釈に適用するのが最善であり、予測手段としては限られた用途しかない。予測に関しては、潜在的に有用な方法を特定することができるが、それらは非常に異なる方法で現れることがある。しかし、同時に、この方法で見られる変化は、ロシアの思考に影響を与える背景の前提の変化を示している可能性もあり、より広い視点から理論的な議論の進展を見守る機会を提供している。

　また、影響工作のために選択され、このモデルで特定された指揮システムの標的を使用して、このような試みから自らの行動を守る方法を分析することもできる。このモデルは全体として、ロシア軍とロシア政府が包括的な反射統制を適用しようとするときに利用できる選択肢を説明するものとして使用することもできる。このモデルが包括的であると仮定することには危険がある。つまり、このモデルで説明されている方法の他に、このモデルに示されていない他の反射統制手順が存在するという可能性は十分にあり、その可能性も高い。

4.7 今後の研究のための議論

　今後の研究課題の第一は、ロシア軍の意思決定システムおよびそれをサポートするシステムにおけるサイバネティックスモデルとシステム理論モデルの顕在化に関するものである。本研究では、この問題について簡単に触れているが、ここでは指揮システムに焦点を当てていないため、反射モデルを作成するために必要な範囲でだけしか議論されていない。しかし、ロシアは意思決定システム、特に意思決定支援システムを継続的に開発してきた。たとえば、2016 年にロシアの新しい国防指揮センターが設立されたことは、将来的に、多くのことが期待されていることを示している。これに関連して、広範なシステム理論の研究と最新の知識に基づく研究を行うことにより、ロシアがどのように軍事力を行使することを計画しているのか、また、どのような支援システム（シミュレーションなど）を利用しているのかについて、新しい情報を得ることができる可能性がある。本研究によると、ロシアの迅速な軍事的意思決定と戦力投射の能力は、主に指揮官中心のアプローチと包括的な支援システムの利用に基づいている。

　本研究のために準備された反射統制モデルは、反射統制におけるさまざまな方法と入力の使用状況を観察するための基礎となるものである。このモデルは、ウクライナ政府に向けられたロシアの行動といった特定された長期的な影響工作の研究に使用することができる。長年にわたって蓄積された資料は、モデルに基づいて分析することができ、その目的は、入力と情報チャネルの役割、および時間の経過に伴う方法の変化を明らかにすることである。このようにして、長期的な事例を基にして、使用された可能性のある反射統制計画を分析したり、それがより早い段階でどのように対抗することができたのかを分析したりすることができるのである。

163

　また、さまざまな角度からの発展について報告しているロシアの軍事雑誌も、長期的な研究テーマとなる可能性がある。NATO の EFP（Enhanced Forward Presence）部隊といった特定のトピックがこの雑誌で長期にわたってどのように議論されているのかを調べると、これらの出版物の間に興味深い違いが明らかになる可能性がある。また、それらがロシアの情報工作と反射統制に何らかの役割を果たしているのかどうかを判断するのにも役立つ。

　また、本研究では、反射統制の前提として、それを適用する側が、受け取った入力に対して相手側がどのように反応するのかを予測し、計画立案することができることを指摘している。しかし、クリミアの占領やウクライナ東部での戦争の継続のもたらす結果を実際に予測できたのかどうかが問われることになる。言い換えれば、反射統制に固有の潜在的な不確実性要因とは何であるのか。行動が予期しない影響を与えることが多い複雑で無秩序な作戦環境行動を起こす場合、弁証法的および客観的なアプローチの適用に弱点はないだろうか。現在のロシア軍の指導者が自己批判（自らの行動を批判的に評価すること）に取り組む意欲と能力も興味深い研究テーマとなるかもしれない。しかし、現在のロシア政府が権力を握っている限り、おそらくそのような研究の機会はほとんどないだろう。

5. 出 典

Allen, Robert (2001): *The rise and decline of the Soviet economy*, Canadian Journal of Economics, Nov 2001, http://content.csbs.utah.edu/~mli/Economics%207004/Allen-103. pdf, retrieved on 7 January 2019

Bartles, Charles & Grau, Lester (2016): *The Russian Way of War - Force Structure, Tactics and Modernization of Russian Ground Forces*, Foreign Military Studies Office, Ft. Leavenworth, Kansas

Berezkin, A. (1972): *On Controlling the Actions of an Opponent, Selected Readings from Military Thought 1963-1973*, Studies in Communist Affairs, Vol 5, Part II, US Government Printing Office, Washington D.C

Berdy, Michele (2018): *What Kind of Leader is Vladimir Putin*, Moscow Times, https://themoscowtimes.com/articles/what-kind-of-leader-is-vladimir-putin-60920, retrieved on 4 January 2019

Berger, Heidi (2010): *Venäjän informaatio-psykologinen sodankäyntitapa terrorismin torjunnassa ja viiden päivän sodassa*, Maanpuolustuskorkeakoulun Johtamisen ja sotilaspedagogiikan laitoksen Julkaisusarja 1 – Tutkimuksia, Edita Prima, Helsinki

Berzinš, Janis (2014): *Russia's New Generation Warfare in Ukraine*: Implications for Latvian Defense Policy, https://sldinfo.com/wp-content/uploads/2014/05/New-Generation-Warfare.pdf, retrieved on 20 June 2019

Bezuglii, A.S, Gavrilenko S.P (1991): *On the Application of the Science of Systems to Military Systems*, Military Thought no.11, https://dlib.eastview.com/browse/ doc/400477, retrieved on 4 January 2019

Blandy, Charles (2009): *Provocation, deception, entrapment: the Russo-Georgian five-day war*, Advanced Research and Assessment Group, Defence Academy of the United Kingdom, Shrivenham, https://www.files.ethz.ch/isn/97421/09_january_georgia_russia. pdf, retrieved on 20 June 2019

Bogdanov, S. & Chekinov, S. (2015): *Modern Military Art in the Context of Military Systematology*, Military Thought no.4, https://dlib.eastview.com/browse/ doc/46295534, retrieved on 9 January 2019

Bogdanov, S. & Chekinov, S. (2017): *The Essence and Content of the Evolving Notion of War in the 21st Century*, Military Thought no.1, https://dlib.eastview. com/browse/ doc/48907735, retrieved on 9 January 2019

Boyd, John R. (1996): *The essence of winning and losing.* http://dnipogo.org/john- r-boyd/, retrieved on 28 February 2020

Chausov, F. (1999): *Osnoviy refleksivnogo upravlenija protivnikom (Основы рефлексивного управления противником)*, Morskoi Sbornik, no.1

Chausov, F. (2010): *Sovershenstvovanie raboti organa voennogo upravlenija na osnove informatsionni tehnologii (СОВЕРШЕНСТВОВАНИЕ РАБОТЫ ОРГАНА ВОЕННОГО ПРАВЛЕНИЯ НА ОСНОВЕ ИНФОРМАЦИОННЫХ ТЕХНОЛОГИЙ)*, Morskoi sbornik no.1, https://dlib. eastview.com/browse/doc/21263574, retrieved on 7 January 2019

Chausov, F. (2011): *Nekotoroje podhodi k sovershenstvovaniju sistemi upravlenija voiskami (salami) novogo oblika (НЕКОТОРЫЕ ПОДХОДЫ К СОВЕРШЕНСТВОВАНИЮ СИСТЕМЫ УПРАВЛЕНИЯ ВОЙСКАМИ(СИЛАМИ) НОВОГО ОБЛИКА)*, Morskoi sbornik no.6, https://dlib.eastview. com/browse/doc/24565642, retrieved on 7 January 2019

Chotikul, Diane (1986): *Soviet Theory of Reflexive Control in Historical and Psychocultural Perspective*: A Preliminary Study, Naval Postgraduate School, Monterey, California

Covington, Stephen (2016): *The Culture of Strategic Thought Behind Russia's Modern Approach to Warfare*, Harvard Kennedy School Belfer Center, https://www.bel- fercenter. org/publication/culture-strategic-thought-behind-russias-modern-ap- proaches-warfare, retrieved on 4 January 2019

Donskov, Ju., Nikitin.O & Besedin, P. (2015): *Intelligent Electronic Warfare Decision Support Systems in Tactical Combined Arms Formations*, Military Thought, no.4, https:// dlib.eastview.com/browse/doc/46295546, retrieved on 4 January 2019

Dovzhenko, V. & Zavgorodni, V. (2014): *Decision Support for Troop Control*, Military Thought no.3, https://dlib.eastview.com/browse/doc/43148582, retrieved on 4 January 2019

Druzhinin, V. & Kontorov, D. (1976): *Voprosi voennoi sistemotehniki (вопросы военной системотехники)*, Vojennoe Izdateltsvo, Moscow

Ermak, Stanislav & Raskin, Aleksandr (2002): *Totshka zrenija. v srashenii vse sposoby horoshi? (ТОЧКА ЗРЕНИЯ. В СРАЖЕНИИ ВСЕ СПОСОБЫ ХОРОШИ?)*, Armeyskiy Sbornik. no.7, https://dlib.eastview.com/browse/doc/4338119, re-trieved on 7 January 2019

Franke, Ulrik (2015): *War by non-military means - understanding Russian information warfare*, FOI-R--4065--SE, Swedish defence research agency, http://johnhelmer.net/ wp-content/uploads/2015/09/Sweden-FOI-Mar-2015-War-by-non-military- means. pdf, retrieved on 4 January 2019

Furustig, Hans (1994): *Vilseledning och påverkan genom reflexive control*, Avdelning för humanvetenskap, Försvarets forskningsanstalt (FOA)

Gerasimov, Valery (2013): *Tsennost nauki v predvidenii (Ценность науки в предвидении)*, Voenno-promyshlennyi kur'er no.8, https: //www.vpk-news.ru/articles/14632, retrieved on 9 January 2019

Gerovitch, Slava (2002): *From Newspeak to Cyberspeak - a history of Soviet cybernetics*, MIT Press, Cambridge, Massachusetts

Gessen, Masha (2018): *Venäjä vailla tulevaisuutta - totalitarismin paluu*, Docendo, Jyväskylä

Giles, Keir, Seaboyer Anthony & Sherr James (2018): *Russian Reflexive Control*, Royal Military College of Canada, Kingston, Ontario, https://www.researchgate.net/ publication/328562833, retrieved on 20 June 2019

Gressel, Gustav (2015): *Russia's quiet military revolution and what it means for Europe*, European Council on Foreign Relations, https://www.ecfr.eu/publications/summary/ russias_quiet_military_revolution_and_what_it_means_for_eu- rope4045, retrieved on 4 January 2019

Glushkov, V. (ed.) (1974): *Entsiklopedia Kibernetiki*, toinen osa, Mih-Jats, Glavnaja Redaktsija, Kiev

Hall, Robert (1991): Soviet Military Art in a Time of Change - Command and Control of the Future Battlefield, Brassey's, UK

Hakala, Pekka (2018): *Venäjän suursota on jo alkanut – Putin näyttää juuri nyt viihty- vän informaatiosodan juoksuhaudassa*, Helsingin Sanomat, https://www.hs.fi/ulkomaat/art-2000005641922.html, retrieved on 4 January 2019

Huhtinen, Aki-Mauri, Kotilainen, Noora, Streng, Mikko & Särmä, Saara (2018): *War- fare in Hybrid Environment – Reflexive Control as an Analytical Tool for Understanding Contemporary Challenges, Proceedings of the 5th European Conference on Social Media* (ed. Cunnane & Corcoran), Limerick Institute of Technology, Ireland, https://bit. ly/2M8e5Is, retrieved on 22 January 2019

Ionov, M. (1971): *On the Methods of Influencing an Opponent's Decisions, Selected Readings from Military Thought 1963-1973*, Studies in Communist Affairs, Vol 5, Part II, US Government Printing Office, Washington D.C

Ionov, M. (1995a): *On Reflective Enemy Control in a Military Conflict*, Military Thought no.1, https://dlib.eastview.com/browse/doc/400862, retrieved on 7 Janu- ary 2019

Ionov, M. (1995b): *Upravlenie Protivnikom (Управление противником)*, Morskoi Sbornik, no.7

Ivanov, D, Savelev, V., Shemansky, P. (1977): *Osnovy upravlenija voiskami v boju (Основы управления войсками в бою)*, translation: Fundamentals of Tactical Command and Control, United States Air Force, USA (originally Moscow 1977)

Jaitner, Margarita & Kantola, Harry (2016): *Applying Principles of Reflexive Conrol in Information and Cyber Operations*, Journal of Information Warfare, Volume 15, Issue 4

Jampolski, S., Kostenko, A. (2017): *Using a Situational Approach to Command and Control of Organizational and Technical Systems in Operation Planning*, Military Thought no.2, https://dlib.eastview.com/browse/doc/49108860, retrieved on 4 January 2019

Joint Publication 1-02 (2009): *Department of Defense Dictionary of Military and Associated Terms*, https://web.archive.org/web/20091108082044/http://www.dtic. mil/doctrine/jel/ new_pubs/jp1_02.pdf, retrieved on 20 January 2019

Joint Publication 1-02 (2016): *Department of Defense Dictionary of Military and Associated Terms*, https://fas.org/irp/doddir/dod/jp1_02.pdf, retrieved on 20 January 2019

Kahneman, Daniel (2003): *A Perspective on Judgment and Choice - Mapping Bounded Rationality*, American Psychologist, Vol 58, No.9, https://pdfs.semanticscholar.org/f714/fb 86fd6c05cefe2ccc28ddfbb31cc63ca04c.pdf, retrieved on 20 June 2019

Kahneman, Daniel (2011): *Thinking, Fast and Slow*, Farrar, Straus & Giroux, New York

Karankevich, Viktor (2006): *How to Learn to Deceive the Enemy*, Military Thought no.4, https://dlib.eastview.com/browse/doc/11315229, retrieved on 7 January 2019

Kari, Martti (2018): *"Suomalaiset ovat ylpeitä rehellisyydestään – Venäläisten silmissä sitä pidetään vähän tyhmänä, sanoo Venäjästä väitöskirjaa tekevä Martti J. Kari"* https://www.

hs.fi/teknologia/art-2000005857115.html, retrieved on 20 June 2019

Kazakov, Vladimir & Kiryushin, Alexei (2013): *Double-Track Combat Action Control,* Military Thought no.3, https://dlib.eastview.com/browse/doc/43184082, re trieved on 7 January 2019

Kasapoglu, Can (2015): *Russia's Renewed Military Thinking - Non-Linear Warfare and Reflexive Control,* Research Paper no. 121, Nato Defense College, Rome, http://www.ndc. nato.int/download/downloads.php?icode=467, retrieved on 22 January 2019

Kazakov, Vladimir, Kiryushin, Alexei & Lazukin, V. (2014a): *Double-Track Control over Combat Actions,* Military Thought no.3, https://dlib.eastview.com/ browse/doc/43148583, retrieved on 7 January 2019

Kazakov, Vladimir, Kiryushin, Alexei & Lazukin, V. (2014b): *Sposob kompleksnogo upravleniia boevymi deistviiami (Способ комплексного управления боевыми действиями),* Voennaya Mysl no.5, https://dlib.eastview.com/browse/doc/ 41174778, retrieved on 8 January 2019

Klein, Gary (2008): *Naturalistic Decision Making,* Human Factors, 50(3), https://doi. org/10.1518/001872008X288385, retrieved on 4 January 2019

Klimenko, A. (1997): *Theoretical-Methodological Problems of Formulating Russian Military Doctrine, and Ways of Addressing Them,* Military Thought no.3, https://dlib.eastview.com/ browse/doc/401024, retrieved on 22 January 2019

Kiselyov, Valery (2017): *What Kind of Warfare Should the Russian Armed Forces Be Prepared for?* Military Thought, no.2, https://dlib.eastview.com/browse/doc/ 49108850, retrieved on 4 January 2019

Kolomoyets, F. G (2007): *Systems Analysis: Recommendations for Problem Identification, Formulation, and Study,* Military Thought, no.3, https://dlib.eastview.com/ browse/ doc/13498418, retrieved on 4 January 2019

Komov, S. (1997): *Forms and Methods of Information Warfare. Military theory and practice,* Military Thought no.4, https://dlib.eastview.com/browse/doc/401039, retrieved on 7 January 2019

Konstantinov F. V. - Bogomolov A. S. et al. (1972): *Marxilais-Leniniläisen filosofian perusteet,* Kustannusliike Edistys, Moskova

Lalu, Petteri (2014): *Syvää vai pelkästään tiheää, Maanpuolustuskorkeakoulu, Taktiikan laitos,* julkaisusarja 1 no.3, Helsinki

Lazarev, I (1992): *For Creating a General Theory of Security*, Military Thought, no.11, https://dlib.eastview.com/browse/doc/400611, retrieved on 4 January 2019

Lefebvre, Vladimir (1967): *Konfliktujustshie struktury (конфликтующие структуры)*, Vysshaya Shkola, Moscow

Lefebvre, Vladimir (1984a): *Algebra of Conscience, A Comparative Analysis of Western and Soviet Ethical Systems*, D. Reidel Publishing Company, Dordrecht

Lefebvre, Vladimir (1984b): *Reflexive Control: The Soviet Concept of Influencing on Adversary's Decision Making Process*, Englewood, Colorado

Lefebvre, Vladimir (2002): *Second Order Cybernetics in the Soviet Union and the West*, Reflexive Processes and Control, no.2, vol.1, Moscow, online version http://www.reflexion.ru/Library/EJ_2002_1.pdf, retrieved on 4 January 2019

Lefebvre, Vladimir, Kramer, Xenia, Kaiser, Tim, Davidson Jim & Schmidt, Stefan (2003): *From Prediction to Reflexive Control*, Reflexive Processes and Control, no.1, vol.2, Moscow, online version http://www.reflexion.ru/Library/EJ2003_1.pdf, retrieved on 7 January 2019

Lefebvre, Vladimir (2010): *Lectures on the Reflexive Games Theory*, Leaf and Oaks Publishers, Los Angeles

Leonenko, S. (1995): *Refleksivnoje upravlenie protivnikom (Рефлексивное управление противником)*, Armeiskij Sbornik, no.8

Lykke, Arthur (1989): *Defining Military Strategy*, Military Review no.5, pp. 9–16, http://cgsc.contentdm.oclc.org/cdm/ref/collection/p124201coll1/id/504, re- trieved on 20 June 2019

Makhnin, Valery (2012): *O refleksivnii protsessah v protivoborstve sistem (О РЕФЛЕКСИВНЫХ ПРОЦЕССАХ В ПРОТИВОБОРСТВЕ БОЕВЫХ СИСТЕМ)*, Informatsionnie Voini no.3, pstmprint.ru/wp-content/uploads/2016/ 11/INFW-3-2012-6.pdf, retrieved on 7 January 2019

Makhnin, Valery (2013a): *Refleksivnye protsessy v voennom iskusstve: istoriko-gnoseologicheskii aspekt*, Voennaya mysl no.2, https://dlib.eastview.com/browse/doc/29135357, retrieved on 7 January 2019

Makhnin, Valery (2013b): *Reflexive Processes in Military Art: The Historico-Gnoseo- logical Aspect*, Military Thought no.1, https://dlib.eastview.com/browse/ doc/43184111, retrieved on 7 January 2019

Mills, John Stuart (1836): *On the Definition of Political Economy, and on the Method of*

5.
出 典

Investigation Proper to It, London and Westminster Review, October 1836, https://oll. libertyfund.org/titles/mill-the-collected-works-of-john-stuart-mill-vol- ume-iv-essays-on-economics-and-society-part-i, retrieved on 20 June 2019

Novikov, Dimitri (2015): *Cybernetics: From Past to Future*, Russian Academy of Sciences Trapeznikov Institute of Control Sciences, Springer, https://www.researchgate.net/ publication/287319297_Cybernetics_from_Past_to_Future, retrieved on 4 January 2019

Peters, Benjamin (2016): *How Not to Network a Nation: The Uneasy History of the Soviet Internet*. MIT Press, Cambridge, Massachusetts

Polenin, V. (2000): *Kritika i bibliografija refleksija - ne universalni sposob upravlenija, (КРИТИКА И БИБЛИОГРАФИЯ. РЕФЛЕКСИЯ - НЕ УНИВЕРСАЛЬНЫЙ СПОСОБ УПРАВЛЕНИЯ)*, Morskoi Sbornik no.7. https://dlib.eastview.com/ browse/doc/218829, retrieved on 7 January 2019

Pynnöniemi, Katri & András Rácz (ed.) (2016): *Fog of Falsehood -Russian Strategy of Deception and the Conflict in Ukraine*, FIIA Report 45, Finnish Institute of Inter- national Affairs, Helsinki

Raskin, A. (2015): *Refleksivnoje upravlenie v sotsialnii setjah, (РЕФЛЕКСИВНОЕ УПРАВЛЕНИЕ В СОЦИАЛЬНЫХ СЕТЯХ)*, Informatsionnie voini, no.3, 2015, http:// media.wix.com/ugd/ec9cc2_5ef84c90678043e389fdfa73126b8683.pdf, retrieved on 14 June 2019

Reid, Clifford (1987): *Reflexive Control in Soviet Military Planning*, in: Dailey, Brian & Parker, Patrick (ed.): *Soviet Strategic Deception*, Lexington Books, USA

Ryabchuk, V. (2001): *Combat Control and Commander's Intellect*, Military Thought no.4, https://dlib.eastview.com/browse/doc/400153, retrieved on 4 January 2019

Roth, Andrew (2019): *Russia moves to mask its soldiers' digital trail with smartphone ban*, http://www.theguardian.com/world/2019/feb/19/russia-moves-to-mask-sol- diers-digital-trail-with-smartphone-ban, retrieved on 14 June 2019

Semenov, Igor (2017): *"Polifonicheskaia personologiia V.A. Lefevra i fundamen- tal'noe razvitie refleksivnykh nauk o cheloveke i vselennoi" (Полифоническая персонология В.А. Лефевра и фундаментальное развитие рефлексивных наук о человеке и вселенной)*, Psikhologiia. Zhurnal Vysshei shkoly ekonomiki. no.4, pp. 607-625, https://psy-journal. hse.ru/data/2018/10/07/1157351175/385-779-1-SM.pdf, retrieved on 20 June 2019

Simon, Herbert (1955): *A Behavioral Model of Rational Choice*. The Quarterly Journal

172

of Economics, no.1, pp.99-118, https://www.suz.uzh.ch/dam/jcr:ffffffff-fad3547b-ffff-fffff0bf4572/10.18-simon-55.pdf, retrieved on 20 June 2019

Skortsov, A., Klokotov, N. & Turko, N. (1995): *Use of Geopolitical Factors In Order To achieve National Security Objectives*, Military Thought no.2, https://dlib. eastview.com/browse/doc/400870, retrieved on 7 January 2019

Spirkin, Alexander (1983): *Dialectical Materialism*, Progress, Moscow, online version https://www.marxists.org/reference/archive/spirkin/works/dialectical-materialism/index. html, retrieved on 4 January 2019

Surovikin, Sergei & Kuleshov, Juri (2017): *Osobennosti organizatsii upravleniia mezhvidovoi gruppirovkoi voisk (sil) v interesakh kompleksnoi bor'by s protivnikom (Особенности организации управления межвидовой группировкой войск (сил) в интересах комплексной борьбы с противником)*, Voennaya mysl', no.8, https://dlib.eastview.com/browse/doc/49166188.

Susiluoto, Ilmari (1982): *The Origins and Development of Systems Thinking in the Soviet Union*, Suomalainen Tiedeakatemia, Helsinki

Susiluoto, Ilmari (2006): Suuruuden laskuoppi. Venäläisen tietoyhteiskunnan synty ja kehitys, WSOY, Helsinki

Thomas, Timothy (2002): *Reflexive Control in Russia: Theory and Military Applications*, Reflexive Processes and Control, no.2, http://www.reflexion.ru/Library/EJ_2002_2.pdf, retrieved 18 June 2019

Thomas, Timothy (2004): *Russia's Reflexive Control Theory and the Military*, Journal of Slavic Military Studies 17, Taylor & Francis Online, https://www.tandfonline. com/doi/abs/10.1080/13518040490450529 (retrieved on 4 January 2019)

Thomas, Timothy (2011): *Recasting the Red Star: Russia Forges Tradition and Technology through Toughness*, Foreign Military Studies Office, Ft. Leavenworth, Kansas

Thomas, Timothy (2015): *Russia Military Strategy - Impacting 21st Century Reform and Geopolitics*, Foreign Military Studies Office, Ft. Leavenworth, Kansas

Thomas, Timothy (2016): *Thinking Like a Russian Officer: Basic Factors and Contemporary Thinking on the Nature of War*, Foreign Military Studies Office, Ft. Leavenworth, Kansas

Thomas, Timothy (2017): *Kremlin Kontrol: Russia's Political-Military Reality*, Foreign Military Studies Office, Ft. Leavenworth, Kansas

Tieteen termipankki (2019): *Estetiikka: simulakrumi*, https://tieteentermipankki.fi/wiki/ Estetiikka:simulakrumi, retrieved on 8 January 2019

Tikhanitsev, O. (2012): *Decision-Making Support Systems: Prospects for Troops Control Automation*, Military Thought no.3, https://dlib.eastview.com/browse/ doc/43184099, retrieved on 4 January 2019

Veprintsev, V., Manolio, A., Petrenko, A. & Frolov, D. (2011): *Operatsii infor mationno- psihologitseskoi voini. Kratkii entsiklopeditseskii slovar-spravotsnik (Операции информационно-психологической войны. Краткий энциклопедический словарь- справочник)*, Gorjatsaja linija - Telekom, Moscow

Volostnov, G. & Golod, Ja. (1992): *Problems of Command and Control Theory Terminology*, Military Thought no.10, https://dlib.eastview.com/browse/doc/400604, retrieved on 4 January 2019

Vorobyov, Ivan (2002a): *The Principles of Combat as the Theoretical Backbone of the Art of Tactics*, Military Thought no.2, https://dlib.eastview.com/browse/doc/4267632, retrieved on 4 January 2019

Vorobyov, Ivan (2002b): *Tactics as the Art of Command and Control*, Military Thought no.4, https://dlib.eastview.com/browse/doc/4640893, retrieved on 4 January 2019

Vorobyov, Ivan (2003): *Tactics as the Art of Command and Control*, Military Thought no.1, https://dlib.eastview.com/browse/doc/4877067, retrieved on 4 January 2019

Vorobyov, Ivan & Kiselyov, Valery (2008): *Evolution of Principles of Military Art*, Military Thought no.3, https://dlib.eastview.com/browse/doc/24406048, retrieved on 4 January 2019

Vorobyov, Ivan & Kiselyov, Valery (2011): *From Present-Day Tactics to Network-Centric Action*, Military Thought no.3, https://dlib.eastview.com/browse/doc/43184031, retrieved on 4 January 2019

Vygovsky, I & Davidov, A. (2017): *Improving the Organization of Automated Control in the Military Sphere*, Military Thought no.4, https://dlib.eastview.com/browse/doc/50290440, retrieved on 4 January 2019

Värnqvist, Peter (2016): *Reflexiv kontroll: evig metod som systematiserats?*, Försvars- högskolan,http://fhs.diva-portal.org/smash/get/diva2:1040782/FULLTEXT01. pdf, retrieved on 20 June 2019

Wiener, Norbert (1961), originally 1948 (1st edition): *Cybernetics - or control and communication in the animal and the machine*, 2nd edition, MIT Press, Cambridge, Massachusetts

Wikipedia (2019), *Рефлексивное управление*, https://ru.wikipedia.org/ wiki/Рефлексивное управление, retrieved on 25 January 2019

付録1　単純な反射方程式の使用例

　この付録では、反射方程式のマーキングと反射統制のモデル化でのそれらの使用について、簡単な例を使用して説明する。この例は、ウラジミール・A・ルフェーブルが2010年に発行した書籍（Lefebvre, 2010, Chapters 9 and 13）からのものである。

　1. 直接的な影響。表現：a は b が x を選択することを望み、その目標を達成するために直接的な影響を及ぼす。

　この状況では、b は級数 {0, 1} で利用可能な選択肢から選択できる。

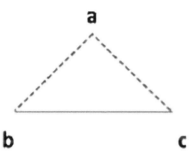

　この図は多項式にすることができる。

$a + bc$

　これは次のように書くことができる。

[b] [c]

[a] + [bc]

[a + bc]

標的 b の方程式は、次のように書くことができる。

$b = a + bc$

または

$b = (a + c)\ b + a\overline{b}$

$A = a + c$、$B = a$、$A \supseteq B$

　これらは区間 $(a + c) \supseteq b \supseteq a$ において、b のすべての値は多項式 $b = (a + c)\ b + ab$ の解である。

　$c = 0$、$a \supseteq b \supseteq a$ の場合、
　したがって、$b = a$ となる。
　a は b が 1 を選択するようにしたい場合、a の b への影響は 1 でなければならない。a は b が 0 を選択するようにしたい場合、a の b への影響は 0 でなければならない。

　$c = 1$、$1 \supseteq b \supseteq a$ の場合、

$a=1$ ならば、したがって $b=1$（b は a の選択に従って行動する）となる。$a=0$ ならば、b は選択の自由度があり、b は必ずしもに a の選択に従って行動しない。したがって、a は b が 1 を選択するように鼓舞するが、b が 0 を選択するように強制することはできない。

2. 実用例。独立大隊 d が山から谷に下る計画をしている。この敵の分遣隊 a は山から谷に下るこの大隊を阻止したい。谷へのすべてのルートは村 b および c を経由している。両方の村の住人はこの大隊に対して敵対しており、この敵を支援する。両方の村の住民はまた、お互いに敵対している。相互依存関係は、次の図を使用して説明できる。

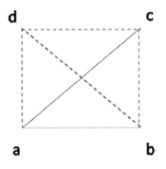

指揮官が利用できるルート集合には、この大隊が山から谷に下るために使用できるすべてのルートが含まれている。これらは結合できないのが前提である。つまり、この大隊は一つのルートしか使用できない。選択肢集合 M には、この大隊が使用しないすべての利用可能なルートが含まれている。集合 a のルートを検討するとき、指揮官は敵の行動を考慮に入れる必要がある。たとえば、敵の支配下にないルートが存在する、つまり指揮官はそれらの一つを選択する傾向があるかもしれない。集合 b と c のルートを検討するとき、指揮官は村の住人の活動を考慮するかもしれない。

この図は次の多項式にすることができる。

$$d + a \ (b + c)$$

この内容は、次の式を使用して記述できる。

$$[b] + [c]$$

$$[a] \ [b + c]$$

$$[d + [a \ (b + c \ )]$$

$$[d] + [a \ (b + c \ )]$$

この大隊指揮官の意思決定を記述する多項式は次に示すとおりである。

$$d = d + a$$

この方程式は、変数 b または c を含まない、つまり、住民の敵意は、この指揮官が自分の意思決定をするときどのような役割も果たさない。この方程式を解くと、次が生成される。

$$1 \supseteq d \supseteq a$$

a が空集合でない場合、この大隊指揮官は部分集合 a を含むどのような選択肢も選択できる。その後、この部分集合（特定のルート）のどのような選択肢も選択できる。$a = 0$ または敵がこの指揮官に特定の経路を選択するように促がそうとする場合、この指揮官は（空集合を含む）どのような選択

肢も選択するするかもしれない。選択した選択肢が空集合ではない場合、この指揮官は大隊が谷に入るのに使用するルートを指示できる。

この例では、反射統制は次のように現れる。すなわち、敵の指揮官は、ルートの一つでこの大隊を待ち伏せすることを決定し、反射統制を使用することを決定する。彼が $a=1$ を使用して影響力を行使し、谷に至るすべてのルートが安全であることを大隊指揮官に何とか確信させた場合、この大隊が使用するルートを予測して不測の事態に備えることができない。$a=0$ を使用して影響力を行使する場合（すべてのルートが危険である）、その結果は同じになるであろう。最良の選択肢は、この指揮官がルート a を選択、または $a=\{a\}$ を使用して影響力を行使するように促すことであろう。この場合に、この指揮官の選択は、式 $1 \supseteq d \supseteq \{a\}$（この指揮官は a を含む部分集合からルートを選択する）を使用して記述できる。

略　歴

著者

アンティ・ヴァサラ（Antti Vasara）

1977 年生まれ。フィンランド国防軍少佐（一般幕僚）、歩兵学校（陸軍士官学校）将校教育部長として勤務。

*　*　*

監修者

鬼塚　隆志（おにづか たかし）

1949 年、鹿児島県生まれ。1972 年防衛大学校電気工学科卒（16 期）。現在、株式会社エヌ・エス・アール取締役、株式会社 NTT データアドバイザー、日本戦略研究フォーラム政策提言委員、公益財団法人偕行社評議員。フィンランド防衛駐在官（エストニア独立直後から同国防衛駐在官を兼務）、第 12 特科連隊長兼宇都宮駐屯地司令、陸上自衛隊調査運用室長、東部方面総監部人事部長、愛知地方連絡部長、富士学校特科部長、化学学校長兼大宮駐屯地司令歴任後退官（陸将補）。単著『小国と大国の攻防』（内外出版）、共著『日本の核論議はこれだ』（展転社）、『基本から問い直す　日本の防衛』（内外出版）等、共訳書『中国の進化する軍事戦略』『中国の情報化戦争』（ともに原書房）、監修『マスキロフカ　―進化するロシアの情報戦！サイバー偽装工作の具体的方法について―』（D・P・バゲ著、五月書房新社）、論文「高高度電磁パルス（HEMP）攻撃の脅威　―喫緊の課題としての対応が必要―」「ノモンハン事件に関する研究」「国民の保護機能を実効性あるものとするために」等多数。

* * *

訳者

壁村 正照（かべむら まさてる）

【担当】第 1 章および第 2 章

1964 年、大分県生まれ。1986 年防衛大学校電気工学科卒（30 期）、米国南カリフォルニア大学大学院電気工学修士課程卒。現在、株式会社エヌ・エス・アール研究員、株式会社 NTT データアドバイザー、公益財団法人偕行社現代戦研究員。フィンランド兼エストニア防衛駐在官（外務省出向）、陸上自衛隊の第 6 特科連隊長、群馬地方協力本部長、東北方面総監部情報部長、西部方面特科隊長、第 15 旅団副旅団長歴任後退官（陸将補）。

木村 初夫（きむら はつお）

【担当】要旨、序文、第 3 章、第 4 章、付録 1

1953 年、福井県生まれ。1975 年金沢大学工学部電子工学科卒。現在、株式会社エヌ・エス・アール上級研究員、株式会社 NTT データアドバイザー。1975 年日本電信電話公社入社、航空管制、宇宙、空港、核物質防護、危機管理、および安全保障分野の調査研究、システム企画、開発担当、株式会社 NTT データのナショナルセキュリティ事業部開発部長、株式会社 NTT データ・アイの推進部長、株式会社エヌ・エス・アール代表取締役歴任。訳書に『マスキロフカ ―進化するロシアの情報戦！サイバー偽装工作の具体的方法について―』（D・P・バゲ著、五月書房新社）、『中国の進化する軍事戦略』『中国の情報化戦争』『中国の海洋強国戦略 ―グレーゾーン作戦と展開―』（以上、共訳、原書房）がある。また『中国軍人が観る「人に優しい」新たな戦争 知能化戦争』（五月書房新社）では解説を執筆。主な論文に「A2/AD 環境下におけるサイバー空間の攻撃および防御技術の動向」「A2/AD 環境におけるサイバー電磁戦の最新動向」（ともに『月刊 JADI』所収）等がある。

ロシアの情報兵器としての反射統制の理論

現代のロシア軍事戦略の枠組みにおける原点、進化および適用

フィンランド国防研究22

本体価格………二三〇〇円
発行日………二〇二二年一一月一〇日　初版第一刷発行
著　者………アンティ・ヴァサラ
監修者………鬼塚隆志
訳　者………壁村正照・木村初夫
編集人………杉原修
発行人………柴田理加子
発行所………株式会社五月書房新社
　東京都世田谷区代田一ー二二ー六
　郵便番号　一五五ー〇〇三三
　電　話………〇三（六四五三）四四〇五
　FAX………〇三（六四五三）四四〇六
　URL………www.gssinc.jp
印刷／製本………株式会社 シナノパブリッシングプレス
装　幀………株式会社 クリエイティブ・コンセプト
編集／組版………片岡　力

女たちのラテンアメリカ　上・下
伊藤滋子著

男たちを支え／男たちに代わって、社会を守り社会と闘った中南米のムヘーレス《女たち》43人が織りなす歴史絵巻。ラテンアメリカは女たちの《情熱大陸》だ！

【上巻】征服者であるスペイン人の通訳をつとめた先住民の娘／荒くれ者として名を馳せた男装の尼僧兵士／許されぬ恋の逃避行の末に処刑された乙女……21人のムヘーレスの苦悩と情熱の記録。
2300円＋税　A5判上製
ISBN978-4-909542-36-6 C0023

【下巻】文盲ゆえ労働法を丸暗記し大臣と対峙した先住民活動家／32回の手術から立ち直り自画像を描いた女流画家／チェ・ゲバラと行動を共にし暗殺された革命の闘士……22人のムヘーレスの運命と愛憎の物語。
2500円＋税　A5判上製

杉原千畝とスターリン
ユダヤ人をシベリア鉄道に乗せよ！ソ連共産党の極秘決定とは？
石郷岡建著

スターリンと杉原千畝を結んだ見えざる一本の糸。イスラエル建国へつながるもう一つの史実！新たに発見された《命のビザ》をめぐるソ連共産党政治局の機密文書を糸口に、英独露各国の公文書を丁寧に読み解く。
3500円＋税　A5判並製　414頁
ISBN978-4-909542-43-4 C0022

近刊
戦争におけるAI（仮題）
サム・J・タングレディ、ジョージ・ガルドリシ編著
五味睦佳監訳
大野慶二、壁村正照、木村初夫、五島浩司、杉本正彦訳

ビッグデータ、人工知能、および機械学習が海上戦闘をどのように変えているのか——人間の介在をどこまで認めるか、適用範囲を軍事的な戦術・作戦レベルにするのか国家的な戦略レベルまで含めるのか——に、米国海軍人脈の専門家33名が総力をあげて取り組んだ記念碑的な成果を完訳。
定価未定　A5判上製　516頁

五月書房新社
〒155-0033　東京都世田谷区代田 1-22-6
☎ 03-6453-4405　FAX 03-6453-4406　www.gssinc.jp